海上保安庁進化論

海洋国家日本のポリスシーパワー

海洋・東アジア研究会編

監修　冨賀見　栄一

プロローグ

日本は海洋民族国家

日本は国家という概念がない時代から海洋で生存に必要な塩、魚介類などの食料を調達し、海洋における移動手段・ルートを確保し、海外と交易して物資や知識等を手に入れてきた。弥生時代に稲作技術を大陸より導入し、稲作農業により安定した食糧を確保できるようになったが、大和朝廷という統一国家になってからも、「海洋をいかに利用し、国家経営を継続していくか」ということが国家としての基本戦略であったと考えられる。

大和朝廷の歴史書として編さんされた『日本書記』を「海」というキーワードで読めば、海洋をイメージできる記述が多数あり、海上を移動する手段、海上移動ルートのことを述べたと思われる記述もみられる。

また、大きな歴史の流れを見れば日本は、国力が大きくなり国家経営のエリアを海外まで拡大・進出させるようになると、必ずそこで大きな失敗をしてきた。それを象徴する歴史的事件が、七世紀の「白村江の戦い」での大和水軍敗北、一六世紀の「豊臣秀吉の朝鮮出兵」の失敗、二〇世紀の「太平洋戦争の敗北」等である。そして、その失敗・敗北の都度、国策を海洋志向から内地志向に切り替えてきたと『文明の海洋史観』の著者川勝平太先生は指摘している。

このように日本民族には古代から海洋民族のＤＮＡが血液中に脈々と流れており、日本はただ単に海洋に囲まれた農耕民族国家ではなく、本質的には海洋民族国家であると思っている。

東アジアにおける海洋を巡る最近の動き

近年、東アジア地域では諸々の動きがあり、この地域の海洋に関連する国家間の衝突やトラブルは、よく報道されているのでその内容はご承知のことと思う。この地域の動きを大観すると、大陸国家「中国」は国家経営のため、海洋国家としても顕著な動きを見せており、半島国家「韓国」はソウルオリンピック以降、国家戦略を海洋国家戦略に切り替え、「極東ロシア」は日本海、北太平洋方面へ着実に経済進出を続けている。海洋国家「日本」も遅ればせながら二〇〇七(平成一九)年七月海洋基本法を施行し、海洋における権益確保を重要な国家戦略として各施策を推進するようになってきた。

このような大きな背景のもと、東アジア地域における海洋では隣接国同士が海洋の権益を巡って、相互に対立する事案が多くなってきており、いろいろな国際摩擦が生じているのが、この地域の現状である。

このため、この地域の海洋において、今後どのように事態が動き、それに対してどう対処するのか、という視点で研究することがとても重要ではないかと考える。

海上保安庁は、東アジア地域の海洋を巡る動きをもっとも敏感に感じ取っており、一〇年程前から国連海洋法条約を全面に掲げ、国際戦略等諸施策を展開しているように見える。

海洋基本法で海洋国家は蘇るか？

日本社会の現状をいえば、食料自給率はカロリーベースで約三九％、水産資源に限っても五〇％を割り込み、エネルギーの自給率は、原子力を除けば約四％、原子力を含めても約二〇％弱である。

世界人口の増大と新興国の経済発展で、食糧とエネルギーの需給は逼迫し価格の高騰が予想される。資源国ではない日本国にとっては、食糧・エネルギーの安全保障という観点からも、海運の維持、海洋開発、海洋の安全、海洋秩序の維持等は必要不可欠で重要な問題である。

しかし、外航日本人船員は、ピーク時の約五万七〇〇〇人から約二六〇〇人に減少。同様に日本籍船もピーク時の一五八〇隻から九二隻に減少している(二〇〇七年現在)。

海洋国家日本は食糧の約六割、資源・エネルギーのほとんどを海外に依存している。これらを輸送しているのは船舶であり、外航海運は日本の生命線である。安定した海上運送力を担保することは、国家安全保障に係る最重要課題である。

このため、平成一九年七月海洋基本法を施行させ、海運の維持、海洋開発、海洋の安全等について、政府一体となって推進する体制を作りあげたのである。しかし、現状は前に述べたとおりであり、さらに、二〇〇八年版『数字で見る日本の海事』(（財）日本海事広報協会発行)によれば、海を生活の場としている人は、海運業で三万五二九一人、漁業で三万三八五三人、その他で一万六九六四人、計八万六一〇八人である。それ以外には海上自衛官約四万五〇〇〇人、海上保安官約一万二五〇〇人。これらの人々(トータル約一四万四〇〇〇人)が海を生活の場として、日々活動しているのであるが、日本の総人口比率のたった〇・一％の人々が、海で活動し日常的に海から日本という国家を見続けているに過ぎないのである。

しかし、もともと日本は海洋民族国家であり、海洋民族のＤＮＡを備えている。現在そのＤＮＡは余りにも微弱な電流かも知れませんが、今回施行された海洋基本法が起爆剤となって、過去の歴史的反省を踏えて、イデオロギー的正義感だけを前面に出すのではなく、歴史的バランス感を大切にした海洋民族気質が蘇ることを大いに期待したい。

日本のポリスシーパワーから何かが見える!!

海洋・東アジア研究会は二〇〇八年四月に発足した小さな研究会であるが、毎月一回勉強会を開催し、海洋国家とは何か？　日本は本当に海洋国家なのか？　この東アジア周辺海域で一体何が起っているのか？　日本は海洋基本法を議員立法したが、海洋国家として再認識する意義は何処にあるのか？　など雲を掴むような話を酒の肴に議論を続けている。

その議論においては、東アジア海域で発生した事件・事故が常に隣国二国間で外交問題化していることと、海上保安庁の活動が話題の中心になることが多い。海上保安庁は、東アジア地域の海洋を巡る動きを最も敏感に感じ取っているからである。

そこで、東アジア海域で今何が起っているのか、今後何が起こるのかを見極めるには、海上保安庁を見ていくのが最良だと考えた。海上保安庁の最近の動きを追跡するとともに、「ポリスシーパワー」という言葉をキーワードに、調査・研究した成果を、今回レポートとして取りまとめ発表することとした。

目　次

プロローグ

1 海洋を巡る日本社会の現状……………………………1
1 日本と外国との接点としての海 3
2 海上輸送は日本の生命線 6
3 海上輸送の安全と海洋権益確保のために 14

2 今、海洋東アジアで何が起こっているか………19
1 東アジアとは 21
2 激動期の海洋東アジア 24
3 海域別の衝突・対立事例 25
4 国際的に激化する漁業問題 39

5　北朝鮮工作船捕捉（九州南西海域不審船事案への対応）　43
6　何故、激動する？　海洋東アジア　45
コラム「海賊・海上武装強盗」問題　49

3　ポリスシーパワーの本質……55
1　シーパワーとは何か？　57
2　海軍力から海上警察力へシフト　58
3　日本のポリスシーパワーの誕生　61
4　領海警備から見えてくるポリスシーパワーの正体　62
5　ポリスシーパワー武器論　65
6　ついに見た!!　日本のポリスシーパワー　72
コラム　ポリスシーパワーに対する国民の意見　75

4　新しい安全保障と海上保安庁……79
1　海は「国際法」が支配している　81

目　次

2　新しい安全保障に対応する海上保安庁　82
3　海上保安庁の新たなる役割　84
4　外交力としてのポリスシーパワー　87
5　国際的実務者チャネルの必要性　89
検証　海上保安庁の国際的業務の動き　90

5　組織的に進化を続ける海上保安庁……113
1　自己改革を続けて〝贅肉の少ない組織へ〟　115
2　巡視船艇、航空機等の緊急整備　118
3　変化を恐れない海上保安庁の組織改革　124
4　海上保安庁が仕掛ける新しい灯台　129
5　海上保安行政を支える法制度の動き　133

6　海上保安インテリジェンス 新たなる活動……139
1　正常がわかれば、異常がわかる　141

2　日本の政府情報会議の動き　143
3　インテリジェンス活動とは　144
4　海上保安庁のインテリジェンス組織　148
5　これが海上インテリジェンス活動だ　150
6　海上保安庁の情報収集等の能力　153

7　東アジア諸国の海洋政策……159

1　古典的な海洋国家と海軍　161
2　現代国家の海洋進出と二つの不安定要素　163
3　東アジア主要国・地域の海洋政策の現状　164
4　日本の海洋政策　190

エピローグ　197
参考資料　201

1

海洋を巡る日本社会の現状

海洋基本法

（目的）

第一条　この法律は、地球の広範な部分を占める海洋が人類をはじめとする生物の生命を維持する上で不可欠な要素であるとともに、海に囲まれた我が国において、海洋法に関する国際連合条約その他の国際約束に基づき、並びに海洋の持続可能な開発及び利用を実現するための国際的な取組の中で、我が国が国際的協調の下に、海洋の平和的かつ積極的な開発及び利用と海洋環境の保全との調和を図る新たな海洋立国を実現することが重要であることにかんがみ、海洋に関し、基本理念を定め、国、地方公共団体、事業者及び国民の責務を明らかにし、並びに海洋に関する基本的な計画の策定その他海洋に関する施策の基本となる事項を定めるとともに、総合海洋政策本部を設置することにより、海洋に関する施策を総合的かつ計画的に推進し、もって我が国の経済社会の健全な発展及び国民生活の安定向上を図るとともに、海洋と人類の共生に貢献することを目的とする。

1　日本と外国との接点としての海

日本の国境線は海と空

現在、日本の国境は海と空である。陸続きの国境線は存在しない。そのせいか海外旅行をするときに国境を越えるという感覚を持ちにくい。

多くの日本人は空港でパスポートを持って出国手続きをするときに「ああ、海外へ行くんだな」と実感する。法的には出国カウンターを過ぎれば「日本国外」と同等のような扱いであるが、実際は飛行機が日本の領空を越えるまでは「日本国内」にいる。そして意識しない間に国境線を通り過ぎている。また沖ノ鳥島、与那国島、南鳥島といった、いわゆる「国境の島」があるが、国境線はそこから歩いて行けない場所で、しかも一般人が気軽に行けないところも多い。こういったことが私たちに国境、ひいては「国の形」をイメージさせにくくしている。

現在の日本は、江戸時代のように鎖国をして一国単独で存在することは不可能である。貿易をはじめ、他の国と様々な形で交わることで今の日本の繁栄が維持できていることに疑問を投げかける人もいないだろう。ならば、日本と他国との接点である海と空の安全な通行が維持できずして、日本の安定が保てないことは明白である。ここでは、その海について考えていきたいと思う。

海洋権益と日本のEEZ

国連海洋法条約では基本的に沿岸から二〇〇海里までのEEZ（排他的経済水域）の設定が認められているが、日本では太平洋側を除くと、多くの海域で隣国とEEZが重なってしまう。このため領土問題などもからみながら場所によっては対立が顕在化するケースがある。

古くは日韓の大きな懸案だった李承晩ラインや今なお領土問題と並行して続く竹島、ロシアとの北方四島周辺海域、中国の東シナ海のガス田……。

日韓の漁業問題は、李承晩ラインがなくなり、現在は一時期ほど対立は先鋭化していないものの、二〇〇五年の対馬海峡でのシンプン号事件のように、漁業資源をめぐる駆け引きは今なお続いている。

北方四島周辺海域は、領土問題と切り離すことができないために、より事情は複雑だ。北方四島について双方が納得する形で合意がなされない限り、領海やEEZの確定も実効あるものにはならない。

東シナ海のガス田問題は、二〇〇八年、福田内閣（当時）によって政治的に一つの区切りを見たが、試掘さえ行っていない日本側の立場が強いとは言えない中、今後も注視し続けなければならないだろう。

地下資源をめぐっては、重なり合うEEZの線引きをどうするのかという問題にも直結している。

最近では領土問題もさることながら、海洋資源の問題が顕在化し、権益確保へ各国の思惑が交錯している。

海洋権益の確保

海洋権益の確保は領海やEEZの確保と言い換えても良い。日本は資源小国であるが、これは国土が

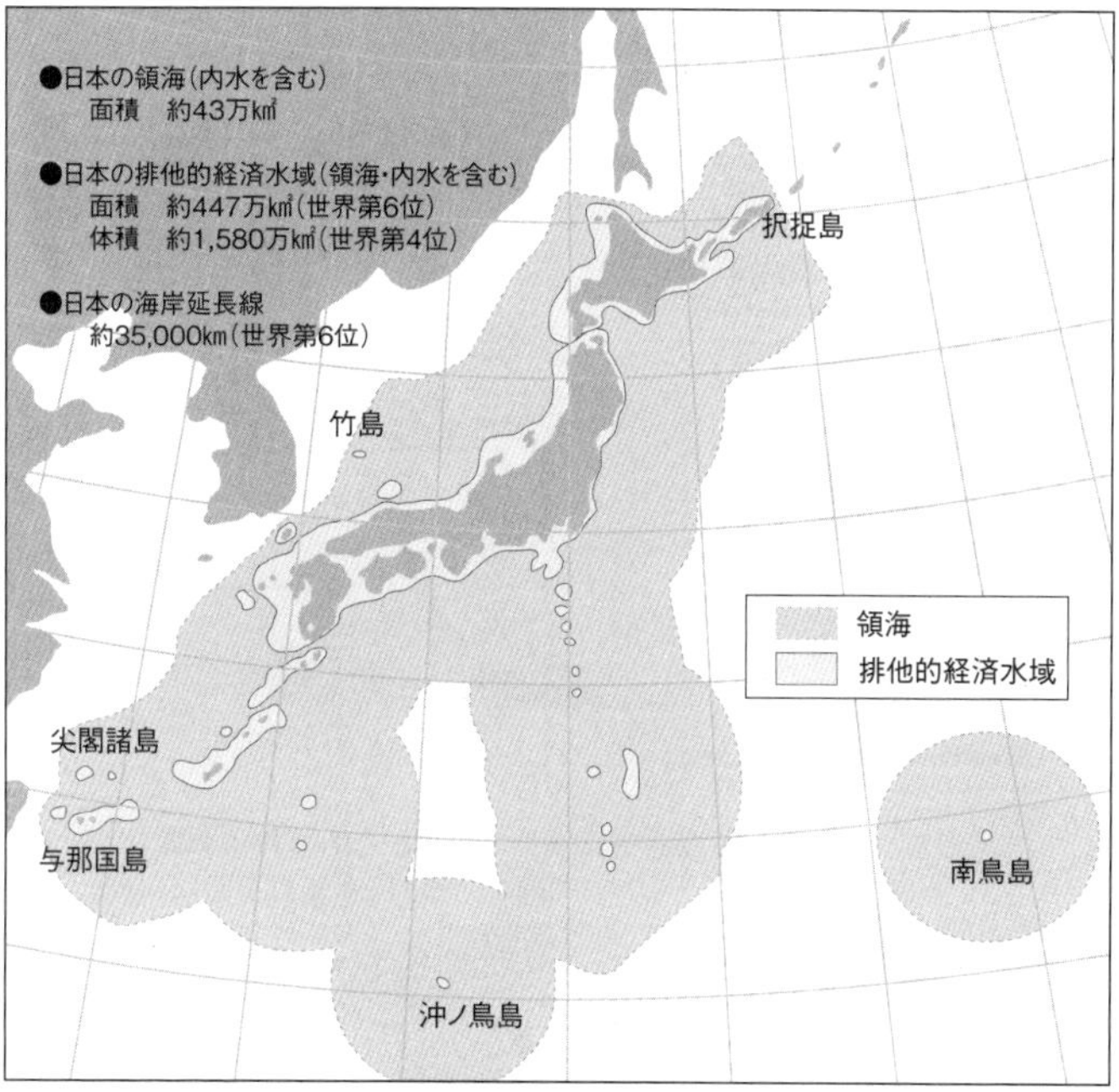

日本の領海とEEZ

狭い上に、廉価に採掘できる資源をほとんど取りつくしているからだ。しかし、陸から海へと目を移せば見方は変わってくる。

現在、日本のＥＥＺの広さが世界で六番目だということは意外に知られていない。大陸棚の調査の重要性が叫ばれ、海上保安庁海洋情報部の測量船が日々、調査を続けた結果、大陸棚について日本は新たに国土の二倍近い七四万平方キロのＥＥＺを申請することを決めた。認められれば、さらに多くのＥＥＺを確保できる。

海洋資源については漁業資源は言うに及ばず、マンガン塊や海底熱鉱床、メタンハイドレートなど海底に眠る様々な資源が日本を窮地から救う可能性もある。

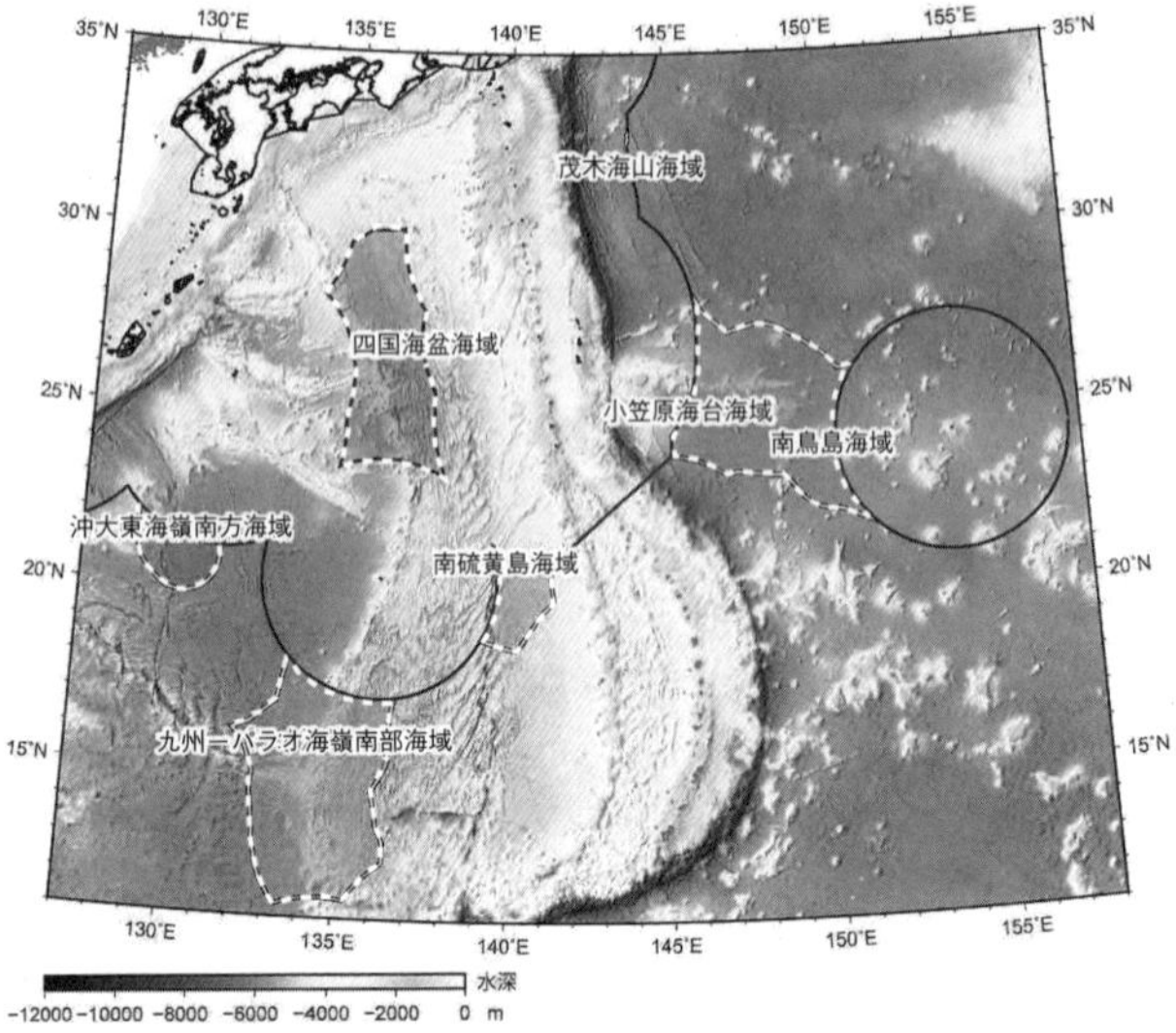

日本が大陸棚限界委員会に延長を申請した大陸棚の範囲
（白い点線内、国連のホームページに公開された資料を元に作成）

原油は経済状況、社会状況により、供給量・価格とも常に不安定要素を抱えている。メタンハイドレートをはじめとする海底資源の活用は、もっと真剣に議論されてもいいはずである。

2 海上輸送は日本の生命線

海外に依存する日本

身の回りの物で一〇〇パーセント、日本製のものを探すのは難しい。中国産の冷凍食品や農産物など、食卓にのぼる食料品に毒物が混入されていたことで、多くの人が不安を覚えた。また、ＢＳＥをめぐる問題で米国産の牛肉が輸入停止されたことで外食産業に深刻な影響を与え、ある企業の牛丼の供給がストップしたことがマスコミに大きく取り上げられたことも記憶に新しい。

食品の安全に対する不安や、価格面で中国や米国等と折り合わなければ、ブラジルなど他国もあたってみるという選択肢もあるが、これを国産ですべてまかなうのは現実的な選択肢とはいえない。現在の日本の繁栄は、廉価な輸入品に支えられていると言っても過言ではなく、食料品の他、原油や鉄鉱石などの原材料、車や飛行機などの工業製品にいたるまで輸入されている品々を数えたらきりがない。日本船主協会が日本国勢図会をもとに作成したグラフをみると、大豆（味噌や油の原料）の九五パーセント、小麦（パンや麺類の原料）は八六パーセントを輸入で賄っている。

近年、食料自給率の向上が叫ばれているが、日本の自給率はカロリーベースで三九パーセントである。ただカロリーベースでは野菜や果物などカロリーの低い食品の供給が占める割合が多いと自給率を押し下げてしまう。農水省のホームページにある生産額ベースのデータでは六八パーセントであるが、飼料用穀物を含む穀物自給率を見ると三〇パーセントにも満たない。いずれにしても輸入食品なくして日本の食卓は語れないのである。

日本は輸入した原材料を加工して製品化し、付加価値をつけて輸出することで外貨を得ている。車や薄型テレビなどの電化製品は、その典型である。日本人はドルやユーロなどと円の交換レート、いわゆる為替相場に神経をとがらせるが、世界的にみて自国通貨が高くなることを歓迎しないのは日本ぐらいだといわれる。円高になって原材料の輸入価格が安くなることよりも、円高に振れることで輸出価格が高くなり、価格競争力を削いでしまうことのほうが、日本に与える影響が大きいからである。

その原材料の輸入についても、昨今の原油高に見られるガソリン価格の高騰を見ればわかるとおり、中国やインドなどの新興国の台頭による資源争奪戦は、石油だけでなく鉄鉱石など他の資源にも飛び火

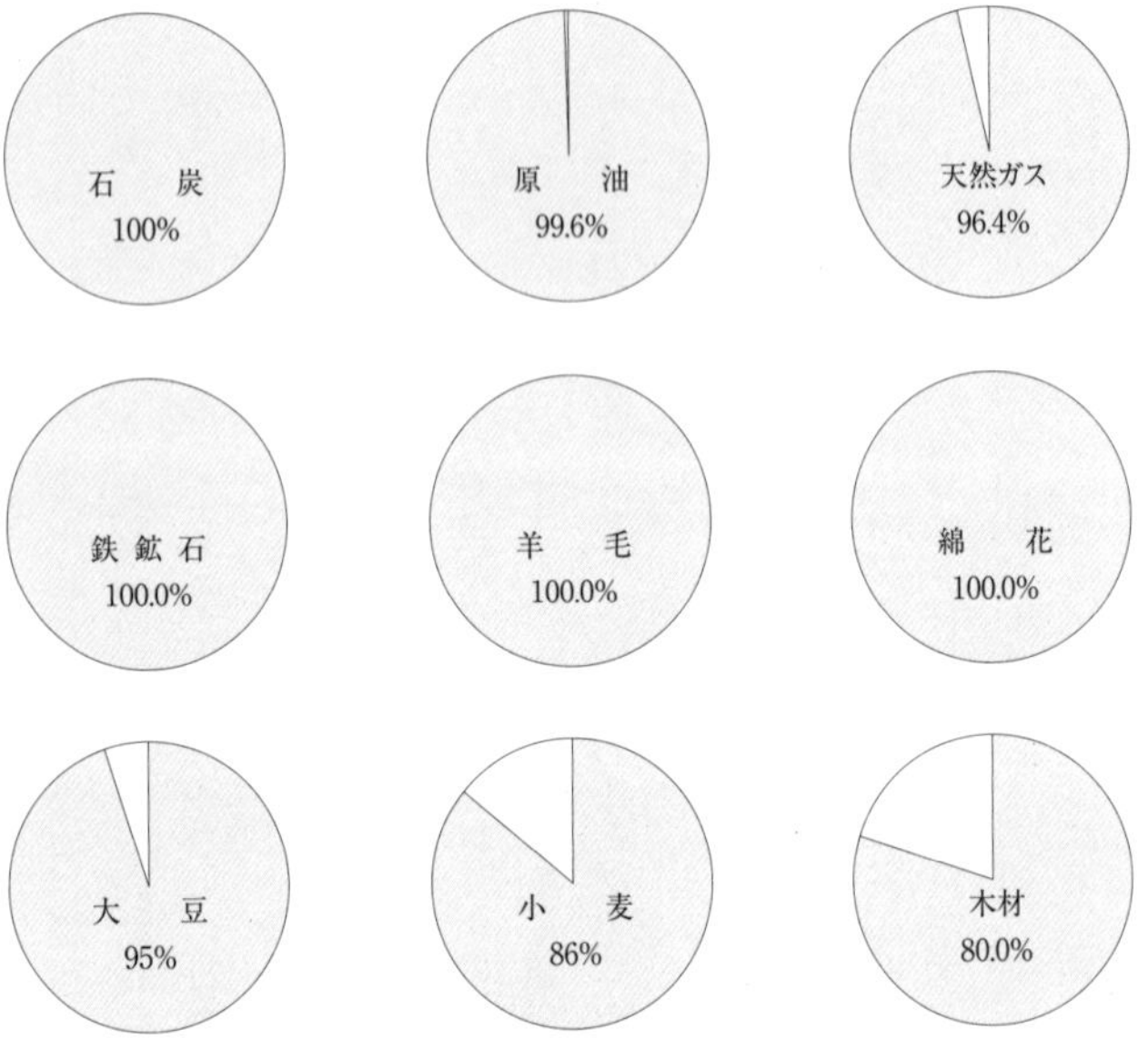

注)「食料需給表」2007年版、「森林・林業白書」2008年版、「エネルギー白書」2008年版による2006年の数値。

主要物資の輸入依存度（日本船主協会ホームページより）

している。資源価格の高騰は多少の円高ではカバーしきれない状況であることは、多くの報道で耳にしているとおりである。二〇〇六年の数値だが鉄鉱石と石炭は一〇〇パーセント、原油の九九・六パーセントが輸入で、資源の対外依存度の高さが浮き彫りになる。

　輸入も輸出も大切な日本の「生命線」であることを再認識しておきたい。

海運の占める役割

　日本の国境線は海と空であり、輸出入が生命線であることは前述したとおりである。国内輸送は道路網の整備に伴い、自動車の占める割合は高まったが、海外からの輸出入は空

	金額ベース	（単位：兆円）	トン数ベース	（単位：百万トン）
年	総額	海上貿易額（%）	総量	海上貿易量（%）
1985	73	63（86.6）	698	697（99.9）
1990	75	60（79.8）	796	796（99.8）
1995	73	54（74.5）	886	886（99.8）
2000	93	61（65.8）	937	937（99.7）
2005	123	87（71.9）	950	950（99.6）
2006	143	103（71.9）	959	959（99.7）
2007	157	108（68.5）	964	964（99.7）

貿易全体に占める海上貿易の割合（日本船主協会ホームページより）

輸か海運に頼らなければならない。鮮度の求められる生鮮食料品やスピードを売りにした高付加価値の商品では航空便の利用も少なくない。また、海外へ出かける旅客の多くは飛行機を利用する。航空機の持つ速さを使った輸送が今後大きく減ることはないだろう。

では、航空機による輸送だけで日本の輸出入は大丈夫なのか。これは、不可能の一言である。

日本船主協会のホームページに公開されている資料で、貿易全体に占める海上貿易の割合を見ると、金額ベースでは海運の比率は七〇％に下がっているが、トン数ベースでは、ここ二〇年ほど一貫して輸出入合わせて限りなく一〇〇パーセントに近い。速度を重視した高付加価値の商品の輸送では航空機が使われているが、航空機では大きく重いものを運ぶのに限界があるのも現実だ。工業プラントなどは航空機で輸送できる大きさまで分解することは不可能だし、原油やＬＮＧ（液化天然ガス）や鉱石といったものの輸送は専ら船である。

大きいもの、重いもの、設備の必要なものに限らず、船は大量輸送を得意とするところで、これも海運が重量ベースで貿易のほとんどを占める要因である。

今後も何か画期的な輸送手段が発明されない限り、海運が輸出入だけでなく国内輸送でも重要な担い手となり続ける。

このように考えると海運、海の輸送ルートの確保はいかにあるべきかが今後も重要な問題であり、日本の繁栄と日本の海運ルートの安全確保は切っても切り離せない。しかしながら、私たちは海上輸送ルートの安全確保、ひいては海洋問題を普段から意識しているとは言いがたい。現状では多くの関係者の努力によって、不便を感じさせないだけの輸送路は確保され、改めて考える機会が少ないところに一つの原因がある。

海運の担い手の現状

「海運を担っているのは、日本船籍の船である」と胸を張って言うことができれば、さまざまな主張ができるのだが、現実は日本の船会社が運航している船であっても日本船籍の船は驚くほど少ない。そのため日本人船員の数も少ない。二〇〇六年現在の日本人の外航船員の数は部員五四二人、職員二一〇八人の合計二六五〇人(日本船主協会HP)に過ぎない。一九九五年には、部員二四二二人、職員五九六二人の合計八三八四人であったことをみると一〇年ほどで三分の一以下に減っている。統計データの元が異なるので単純な比較はできないが、さらに遡って一九八二年の部員二万一五三人、職員一万二五二一人の合計三万二六七四人と比較すると二〇年余りで約一二分の一まで減っており、その激減ぶりが分かる。残念だが、このことに危機感を持つ日本人は決して多くないのが現実だ。なぜ、このように日本人船員の数が減っているのだろうか。

年	配乗船隻数	在籍船員数		
			職　員	部　員
1982	731	32,674	12,521	20,153
1985	621	25,250	10,439	14,811
1987	401	14,984	6,833	8,151
1990	203	7,566	4,097	3,469
1995	269	8,384	5,962	2,422
1996	251	7,622	5,528	2,094
1997	230	6,845	5,100	1,745
1998	215	6,234	4,740	1,494
1999	192	5,554	4,212	1,342
2000	159	5,030	3,659	1,371
2001	139	4,233	3,129	1,104
2002	141	3,880	2,837	1,043
2003	134	3,336	2,629	707
2004	126	3,008	2,373	635
2005	115	2,628	2,156	472
2006	108	2,650	2,108	542

外航船員数の推移（日本船主協会ホームページより）

激減した日本船籍の商船

かつて、外航船の船員は、海外の情報にいち早く接することができ、時代の最先端を行く職業であった。家族が長期間離れ離れになったとしても、待遇が良く、海外のさまざまな物や文化に触れることができる船乗りという職業は、昔はある種の憧れさえ持たれていたと言えよう。しかし、現在は旅客のほとんどが航空機で海外へ行く時代で、海外旅行はさほど珍しくなく、海外赴任も人気がない。時代の移り変わりとともに船乗りというだけで人がうらやむ時代は遠く過ぎ去っている。

日本船籍の船腹量推移を見てみると、一九八五年に一〇二八隻あったものが、二〇〇七年現在九二隻とケタ違いに減っている。もちろん、この数の中に国内輸送の船は入っていないが、それにしてもこの減り方は驚くほかはない。日本船籍の船が減れば、日本人船員が必要とされ

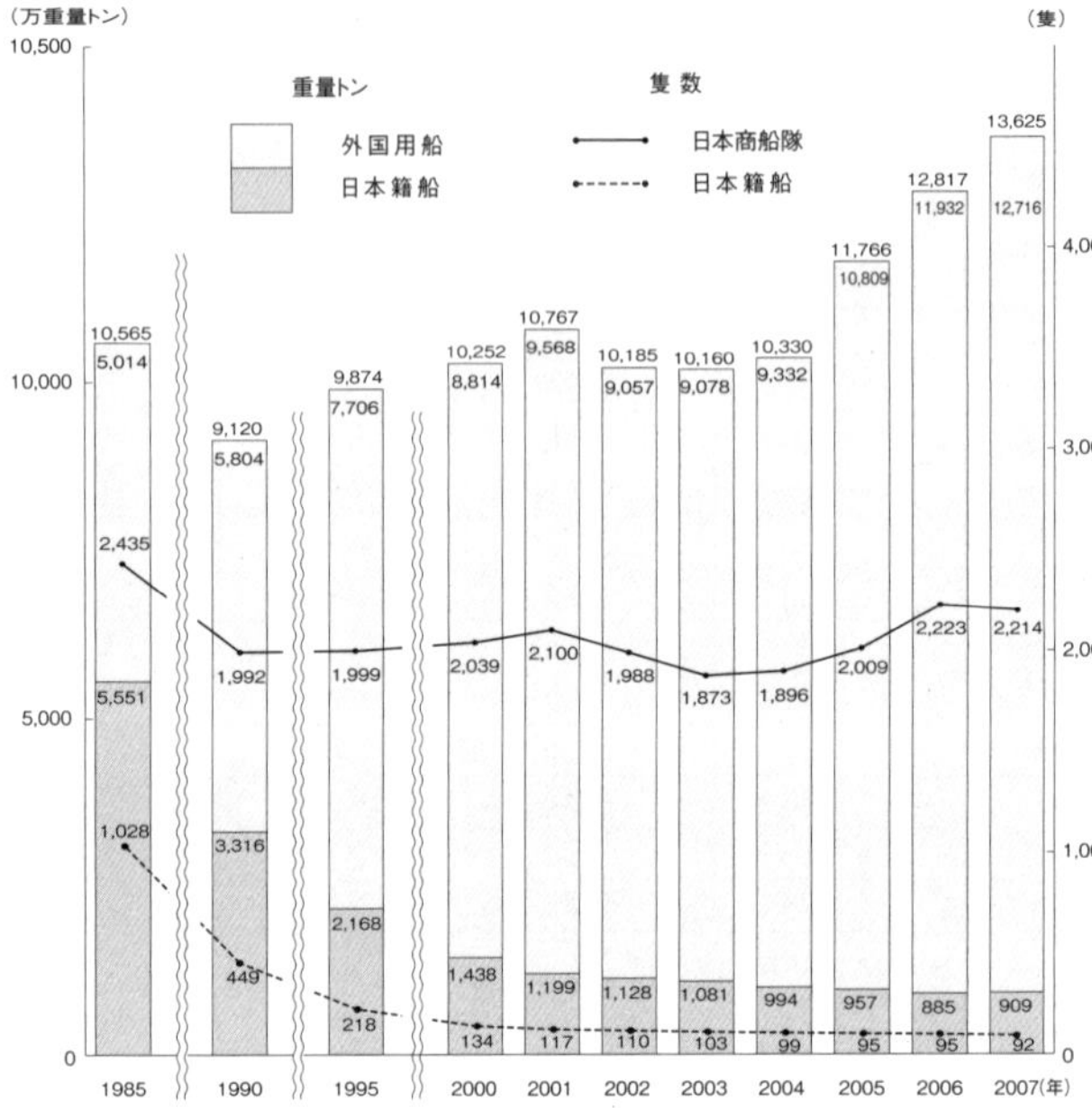

日本商船隊船腹量推移（日本船主協会ホームページより）

る数は減るため、船員の数が減少するのも無理はない。

　では、日本船籍船が減ったから日本人船員が減ったのか、あるいはその逆なのか？　突き詰めていくと、コスト削減というキーワードに辿り着く。

便宜置籍船が支える日本

　日本船籍船が激減したといっても、日本の船会社がなくなったわけでも、船会社が差配する船が大きく減ったわけでもない。

　「便宜置籍船（ＦＯＣ）」という言葉を聞いたことがあるだろうか。まぐろ漁船の便宜置籍船問題ということで覚えている方もいるかもしれない。

　商船の世界でも、便宜置籍船は古くからコストカットの定番ともいうべき手段である。まぐろ漁船の場合の便宜置籍船は、船を国際的な規制が及ばない国の所属とすることで漁獲割り当て以上の魚を獲ることが目的だったが、商船の場合は、日本船籍船よりも保有コストの安いパナマやリベリアといった国の船籍にすることで、海上輸送のトータルのコストを下げて海運業界での競争に打ち勝ってきたのである。また、コストと言えば、日本人船員の人件費は他国よりも割高なため、日本人船員が必要な日本船籍船はコスト競争では不利になるのが実情である。私たちのために物資を運ぶ船の多くは、全員もしくは大半が外国人船員が運航する便宜置籍船であることは、意識しないと見えてこない。

日本に外国から安い品物が大量に供給され、外国へ様々な品物が輸出できているのは、こうしたコスト競争のおかげであり海上輸送コストが割安ゆえにできることなのである。

日の丸商船隊の必要性

だが、便宜置籍船も良いことばかりではない。便宜置籍の船籍国(旗国と呼ばれる)の中には、モンゴルのように海を持たない国さえある。船の場合、どこの国にも属さない海域、つまり公海上では、その船の船籍国が司法権を持っている。事件、事故が起きた場合は、その国の司法当局が調べて何らかの措置を行うことになる。例えば、公海上で日本船籍の船とパナマ船籍の船が衝突したら、それぞれの船の旗国が捜査を行うことになる。

犯罪捜査だけではなく、船の世界ではありとあらゆる場面で旗国はどこかということが問題になる。本来、船を守るのも旗国の役目であるが、便宜置籍国では、そもそも旗国としてその船を守るといった意識はない。パナマ船籍の船だからといって、パナマのコーストガードや海軍が、マラッカ海峡やソマリア沖まで来て守ってくれるわけではない。日本でも一般的なパナマ船籍の船だが、パナマが守らなければ船会社のある日本で、というのも法的には難しい話である。

国会でも海賊対策として自衛艦を派遣した場合、日本船籍以外の船をどうするのかという議論が起きた。目の前で外国船が襲われたときの話ということもあるが、日本の船会社が差配している船でも、旗国が日本以外の国であると、法的根拠が薄いために、守れないがゆえでもある。

危機管理という観点から見れば、日本船籍の商船が激減し、日本の国を支えるだけの船腹量がないことは、決して好ましいとはいえない。コストだけでは割り切れないのである。

日本船籍の船で必要最低限の物流が確保できるのが理想であるが、それはコストの上昇要因ともなる。船会社が自前の船を確保できるようにするためには、海事関係者だけではなく、コストや規制緩和をどう考えるかということについて国や国民をあげての議論は避けて通れない。

便宜置籍船の安さや使い勝手の良さに安住することなく、もう一度立ち止まって考えるべき時が来ているのではないだろうか。

3　海上輸送の安全と海洋権益確保のために

海上保安庁と海上自衛隊

海上輸送ルートや日本の海洋権益を守るための組織のひとつに海上保安庁がある。海上保安庁は海事関連全般を扱う海事局と同じ国土交通省の所管官庁であるが、海事局の下の組織ではなく国土交通省の外局として存在している。このほか、防衛省に海上自衛隊があるが、海上自衛隊はアメリカと協調してミサイル防衛にあたるなど、海からの外敵を迎え撃つための組織である。

両者は国民から見れば、日本政府の船が活動しているという点において混同されがちだが、法的にも実質的にも大きく位置づけは異なっている。

それを端的にあらわしているのが海上保安庁法二五条で、ここには解釈上の注意として「この法律のいかなる規定も海上保安庁又はその職員が軍隊として組織され、訓練され、又は軍隊の機能を営むことが認めるものとこれを解釈してはならない」とある。海上保安大学校の廣瀬肇名誉教授によると二五条は、アメリカのコーストガードを手本として作られた海上保安庁が、創設にあたり、戦勝国のソ連やオーストラリアから、再軍備、あるいは海軍の再建ではないかと猜疑の目を向けられた際、身の潔白を証明するために定められた条文であるとのことである。創設当時、海軍は存在しなかったものの、法的に軍と警察組織は分離するという形をとったのである。

海上自衛隊は憲法上の問題もあるため、軍という位置づけではないが、シーパワーとしては軍に近い組織であり、外交、海上保安庁を含む全ての手段を尽くしても対応できないような非常時の切り札としての存在ともいえる。

具体的には、他国の潜水艦が潜航して領海内へ侵入を図った場合(国際法上、潜水艦が他国の領海内で潜航することは認められておらず、浮上して一般船舶同様に航行しなければならない)、潜水艦の探知を海上保安庁ではできないので、海上自衛隊の出番となる。二〇〇四年一一月の中国の潜水艦による領海侵犯事件は、その一例である。しかし、平時やテロなどへの一義的な対処としては、海上保安庁が前面に出て対応することになる。不審船事案の場合でも、海上保安庁が対処しきれなくなって初めて海上自衛隊の海上警備行動といった形をとることになったのである。

北朝鮮の工作船の事件や中国や台湾の海洋調査船等の問題を持ち出すまでもなく、海上保安庁は国際法、国内法に則って、日本の海上輸送路や海洋権益の確保、領海警備などにあたってきた。同時に近隣各国との連携も図ってアジア太平洋地域の海の安全に取り組んでいる。これらについては章を改めて説明するが、短絡的に言えば海の安全と治安の確保は、陸上における警察と消防に相当する海上保安庁が担っているのである。

海を渡る者たちが未来を切り拓く

現在の日本は海の向こうへ夢を馳せた人たちが切り拓いてきた。鎖国をした徳川幕府とて、当初は海上貿易を行っていた。海や海の向こうに未来を見出したのは、なにも歴史上の人物だけではない。大リーグのパイオニア的存在となった野茂英雄投手は日本国内での地位や名声をリセットして、世界を舞台に活躍し、イチローや松坂大輔投手ら後進に道を拓いた。海洋民族は、農耕民族的「ムラ」社会と違い、外界と積極的に接触することで社会生活を営む者達であるので、異文化を恐れず、合理性を好み、自分の能力を信じ、未来を切り拓くという精神構造を持っている。世界を舞台に、活躍する者たちには、海洋民族気質が強く伝承されているのではないかと思う。

海と海の向こうを意識して未来を夢見ていくことこそ、これからの海洋国家としての日本の国家経営をしっかり見据えていくためには不可欠だと考える。

2

今、海洋東アジアで何が起こっているか

海洋法に関する国際連合条約

（平成八年七月十二日　条約第六号）

この条約の締約国は、

海洋法に関するすべての問題を相互の理解及び協力の精神によって解決する希望に促され、また、平和の維持、正義及び世界のすべての人民の進歩に対する重要な貢献としてこの条約の歴史的な意義を認識し、

千九百五十八年及び千九百六十年にジュネーヴで開催された国際連合海洋法会議以降の進展により新たなかつ一般的に受け入れられ得る海洋法に関する条約の必要性が高められたことに留意し、

海洋の諸問題が相互に密接な関連を有し及び全体として検討される必要があることを認識し、

この条約を通じ、すべての国の主権に妥当な考慮を払いつつ、国際交通を促進し、かつ、海洋の平和的利用、海洋資源の衡平かつ効果的な利用、海洋生物資源の保存並びに海洋環境の研究、保護及び保全を促進するような海洋の法的秩序を確立することが望ましいことを認識し、

このような目標の達成が、人類全体の利益及びニーズ、特に開発途上国（沿岸国であるか内陸国であるかを問わない。）の特別の利益及びニーズを考慮した公正かつ衡平な国際経済秩序の実現に貢献することに留意し、

国の管轄権の及ぶ区域の境界の外の海底及びその下並びにその資源が人類の共同の財産であり、その探査及び開発が国の地理的な位置のいかんにかかわらず人類全体の利益のために行われること等を国際連合総会が厳粛に宣言した千九百七十年十二月十七日の決議第二千七百四十九号（第二十五回会期）に規定する諸原則をこの条約により発展させることを希望し、

この条約により達成される海洋法の法典化及び漸進的発展が、国際連合憲章に規定する国際連合の目的及び原則に従い、正義及び同権の原則に基づくすべての国の間における平和、安全、協力及び友好関係の強化に貢献し並びに世界のすべての人民の経済的及び社会的発展を促進することを確信し、

この条約により規律されない事項は、引き続き一般国際法の規則及び原則により規律されることを確認して、

次のとおり協定した。

1　東アジアとは

「東アジア」の地理的概念については、従来からこの地域を構成する国の枠組みを含め、さまざまな意見があり、明確なものはない。

一九九七年、タイ通貨バーツの急落による「アジア通貨危機」に対処するため、同年一二月、マレーシアにおいて、ＡＳＥＡＮ一〇カ国＋日・中・韓三カ国の一三カ国が参集する「東アジア」首脳会議が開催された。この会議以降、「東アジア」を冠する国際会議は、これら一三カ国に限定したものが多くなっている。

東アジア域内で覇権を確保したい中国は、これら一三カ国に限定する「東アジア共同体」構想を推進している。これに対し、日本は、米国との関係を考慮し、東アジアの枠組みは、①開かれた地域主義の原則に基づき、②経済社会面やテロ、海賊対策などのさまざまな分野での機能的協力の促進を通じ、③民主主義、人権等の普遍的価値やＷＴＯ等のグローバルなルールに則って進められるべきであることが基本であるとして、別個の方針を打ち出した。

二〇〇二年一月、小泉首相（当時）がシンガポールで政策演説した「東アジアコミュニティ構想」においては、前記の一三カ国に、オーストラリアとニュージーランドが参加、さらに、二〇〇五年一二月、クアラルンプール（マレーシア）で開催された第一回東アジア首脳会議（ＥＡＳ）には、日本側の意向どおりインドも参加している。

このように、日本は、「東アジア」の地理的範囲を、インドやオセアニア諸国などを含む開かれた地域であると捉えている。日本の考える「東アジア」には、以上列挙した国以外にも、極東ロシア、北朝鮮、台湾、スリランカ、バングラデッシュなども含まれている。

本書は、東アジアを構成する国を、日本の基本的な立場と同じく幅広く捉えることとし、

①日・中・韓三カ国に極東ロシア等を加えた所謂「北東アジア」

②ASEAN一〇カ国からなる「東南アジア」

③オセアニア北部、インド東岸、スリランカ、ミクロネシアなどの国々に囲まれた海洋を、極めて大雑把に「東アジア地域における海洋」とし、これを「海洋東アジア」と略称している。

これら東アジア諸国は、その大部分の国が、海洋に面し、島嶼を多く抱える地理的特性を有している。そして多くの国が、民族・宗教の多様性や歴史的背景の違いから、政治民主化の遅れ、民族独立運動など不安定な国内政治問題を抱えている。

東アジア諸国の経済力を比較すれば、大きな格差があり、軍事力、国内治安の面からも国力差が歴然と存在している。また、水面下においては、日本と中国との東アジアのリーダー役をめぐる主導権争いがあり、ODA支援などを含めた外交政策が展開されている。

ロシア
カズフスタン
モンゴル
キルギス
タジキスタン
北朝鮮
韓国
日本
中国
ネパール
ブータン
バングラディシュ
インド
ミャンマー
台湾
ラオス
タイ
ベトナム
フィリピン
カンボジア
スリランカ
ブルネイ
マレーシア
シンガポール
0 500 1000
Km
インドネシア
ASEAN加盟国

海洋東アジアの国々

2 激動期の海洋東アジア

東アジアは、その歴史を振り返れば、一八世紀中葉から欧米列強による植民地化が進んでいた。イギリスがインドを植民地化した後、瞬く間に、フランス・オランダがインドシナ半島を、米国がフィリピンを植民地化した。そして一九世紀末、日清戦争後は、清国に対しても、イギリス、ドイツ、フランス、米国、ロシアが相互に牽制しながら、露骨に権益獲得に動いた。

このように東アジア全体が欧米列強による帝国主義の荒波に飲み込まれていた時代、日本は存亡の危機にあったが、二〇世紀初頭、日露戦争に勝利することにより、かろうじて欧州列強の植民地になることを免れた。

時代は移り、近年、中国、韓国、極東ロシアなど東アジア諸国の動きを見ると、将来のエネルギー資源等を確保して生き残りをかけようとする戦略がみられる。一九六八年、国連アジア極東経済委員会（ＥＣＡＦＥ）の協力を得て東シナ海海底の学術調査を行った結果、東シナ海の大陸棚には、豊富な石油資源が埋蔵されている可能性があることが指摘され、これが契機となって、海洋に対する近隣諸国の意識が一変した。

海洋には、海底エネルギー資源など、まだ手つかずの権益が残っていることが判明したため、これをめぐって近隣諸国同士の争奪・対立が始まり、現在は、一九世紀末の植民地争奪と同様、海洋における権益争奪の時代となっている。

『新脱亜論』（文芸春秋、渡辺利夫）では、あたかも、海洋東アジアは、一九世紀末の「日清・日露戦争開戦前夜の明治のあの頃に『先祖返り』したかと思わせるまでに酷似してきた」と国際情勢を表現している。

現在の「海洋東アジア」は、さまざまな国家間の衝突・対立による危険な情勢をはらんでいるが、以下、海域別、事案別に具体的な衝突・対立の事例を紹介する。

3　海域別の衝突・対立事例

1 南シナ海

南シナ海全域の領有化を企図する中国

南シナ海には、中国名で、東沙、西沙、中沙、南沙の四つの主な群島がある。この群島名あるいは群島内に位置する主要な島・環礁名は、国や時代によってさまざまな名称がつけられ、その領有をめぐり近隣諸国が衝突・対立した。

中国は、一九九二年「領海法」を制定、南シナ海の全域を領海であると宣言した。その結果、東沙群島を台湾と、西沙群島をベトナム、台湾と、南沙群島を台湾、ベトナム、フィリピン、マレーシア、ブルネイの各国と領有権をめぐり火花を散らしている。南シナ海への各国の関心が高まったのは、先に述

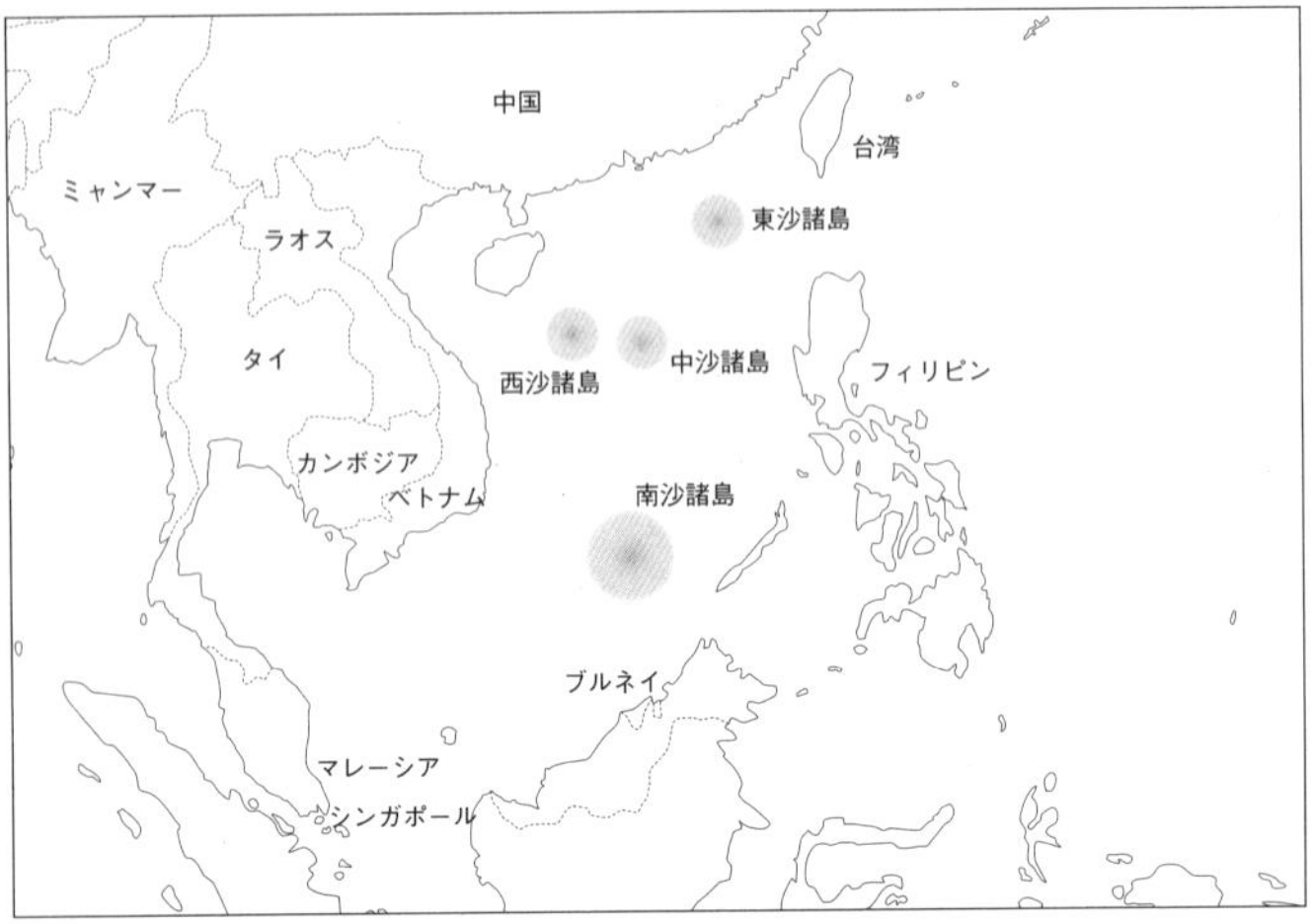

南シナ海周辺

べたとおり、一九六八年に、国連アジア極東経済委員会の調査で海底に石油や天然ガスが埋蔵されている可能性が報告されてからのことである。一方、南シナ海のこれらの群島は、日本へのシーレーンの至近距離に位置するが、領有を主張する国々が、島内あるいは環礁の上に、軍事空港、建築物を建設するなど、排他的な動きをしており、緊迫状態が続いている。一九八八年、南沙諸島で中国海軍とベトナム海軍が衝突し、ベトナム兵多数が死亡するという事案が発生、その後も中国とベトナム、中国とフィリピンとの間で海軍同士の紛争が発生している。

中国の西沙群島への進攻

西沙群島は、合計三四の小島や岩礁などから構成されているが、過去、南半分を南ベトナムが、北半分を中国が実効支配していた。一九七三年、米国はパリ平和協定を結び、泥沼化していたベトナムへの軍事介入を終息させ、南ベトナムから米軍を撤退させた。翌年一月、中国は、突如この米軍撤退の間隙を突き、南ベトナムが実効支配していた南半分に、空軍機を含む本格的な侵攻を行い、守備隊を撃滅して占領した。

現在、西沙諸島は、戦闘機などの離着陸可能な二二〇〇mの滑走路や衛星通信ステーションなどの通信施設を備え、中国軍部隊が常駐する軍事基地となっている。

防衛大学校教授・太田文雄氏は『インテリジェンスと国際情勢分析』なかで次のように述べている。

海洋の侵攻には、一定のパターンがある。「大国の力の空白」に乗じて、自己のプレゼンスを拡張してきた最初に、「領有権の主張があり」「次に、海洋調査を行い」「そして、海軍艦艇や戦闘機が姿を現し」「最後に実効支配してしまう」

西沙諸島を例に取ると、「大国の力の空白」とは、在ベトナム米軍の撤退をさしている。

このような中国の動きは、東シナ海などにおいても見られる。軍事的な側面だけで見ると、海洋東アジアは、太田教授の指摘するようなパターンとなりつつある。

❷東シナ海

尖閣諸島周辺海域での抗議行動

尖閣諸島は、沖縄群島西南西方の東シナ海に位置し、魚釣島、南小島、北小島、久場島、大正島から

尖閣諸島・魚釣島を南北小島から望む

なり、一番大きな魚釣島を起点とすると、石垣島まで約一七〇km、沖縄本島まで約四一〇km、中国大陸までは約三三〇kmの距離である。

日本は、一八八五(明治一八)年以降再三にわたって尖閣諸島の現地調査を行い、単に無人島であるのみならず、清国の支配が及んでいないことを慎重に確認した上、一八九五(明治二八)年、閣議決定により、同諸島を正式に日本の領土に編入した。

中国は尖閣諸島に関しては、一九七一年一二月から「釣魚島は、古来中国領土」との主張を繰り返し、一九九二年二月に施行した「領海法」に中国の領土であると明記した。不当な領有権主張活動を行う中国人グループが、香港、台湾などとも協働して、船舶を使用して尖閣諸島領海に不法侵入する事件はこれまで多数発生しているが、近年、中国国内で新たな活動団体が台頭し、急激にその勢力を拡大、全国規模で同諸島の領有権主張活動を展開している。こうした背景の下、二〇〇三年六月、初めて中国本土からの活動家が乗船

尖閣諸島における領海警備

した船が同諸島領海内に侵入するという事案が起きた。以後、中国本土からの領海内への不法侵入事案は、同年一〇月、二〇〇四年一月と連続的に発生し、同年三月には、中国人活動家七名が魚釣島に不法上陸するという事案が発生した。

また、二〇〇八年六月、尖閣諸島沖で領海警備を実施中の海上保安庁巡視船と台湾遊漁船とが衝突する事案が発生した。この事案では、不当な領有権を主張する台湾の抗議船舶が魚釣島領海へ侵入し、台湾巡視船までが海上保安庁巡視船の警告にもかかわらず、領海に侵入した。また、台湾の劉兆玄行政院長(首相)は、立法院(国会)答弁で、日本との領有権をめぐる争いにおいて、問題解決の最終手段として「開戦の可能性を排除しない」という強硬姿勢を示した。

「蘇岩礁」をめぐる中・韓の対立

「蘇岩礁《そがんしょう》」は、韓国最南の島、馬羅島から西南約一五〇㎞に位置する東シナ海の暗礁で、現在、中国と韓

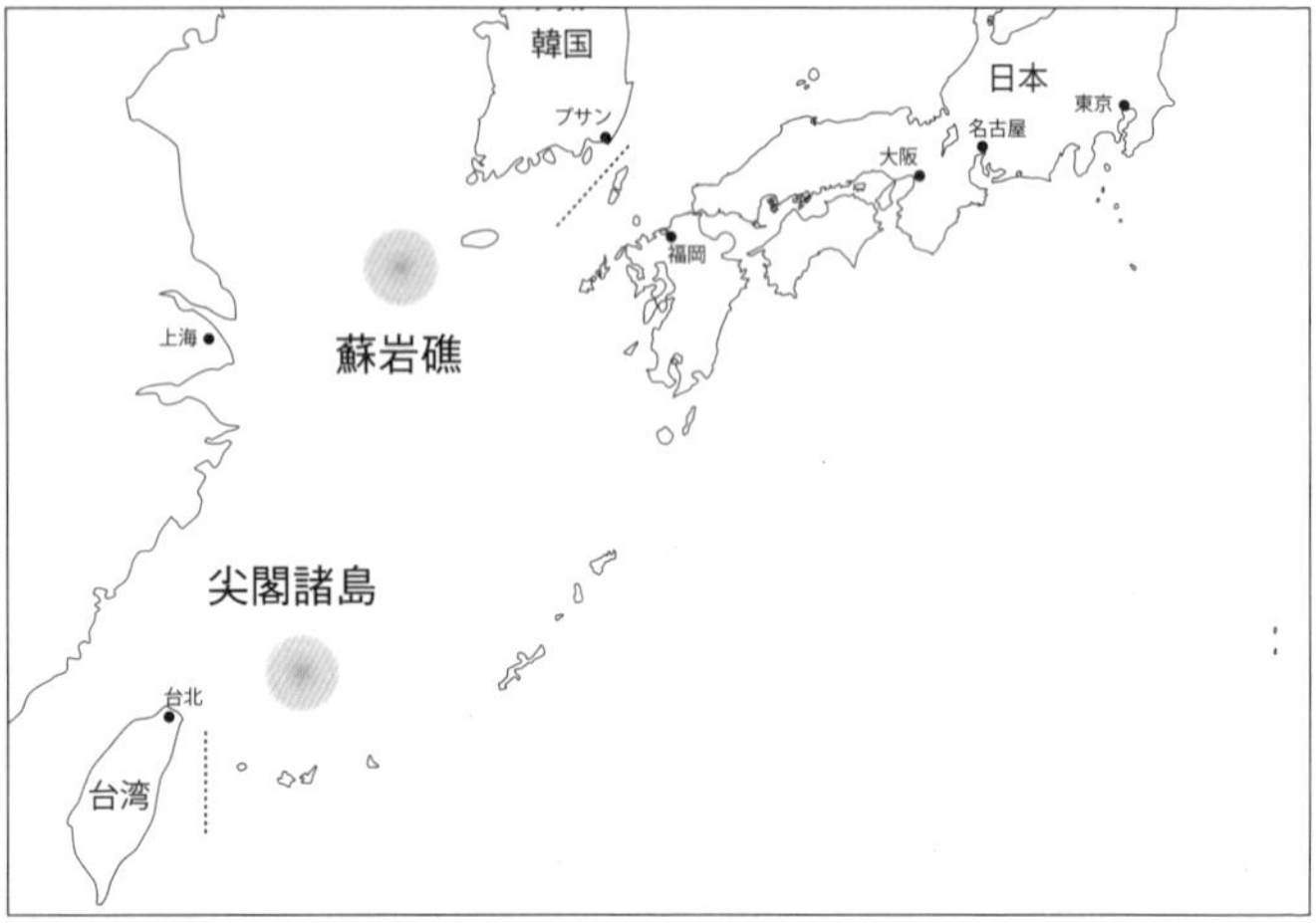

尖閣諸島と蘇岩礁

国が共同管理しているＥＥＺ内にある。韓国は、この暗礁を離於島《イオド》、波浪島《パランド》と呼称し、中国は、蘇岩礁と呼称している。蘇岩礁は、干潮時でも岩頂は水面下四・六ｍの水中にあり、岩が水面上に姿を現すことがないため、島ではない。しかし韓国は、この暗礁を自国の島であり済州特別自治道 西帰浦市に属すると主張している。

二〇〇一年、韓国は、この暗礁の上にヘリの離着陸場、衛星レーダー、灯台、船着き場を常備した巨大な鉄筋十五階建て相当の建物を建設したため、中国は韓国に対し一方的な建設を中止するよう抗議している。香港メディアによれば、中国政府が同問題を早期に公開せず、韓国側の違法建築物の建設を許したことへの不満が中国国内で広がり、蘇岩礁を中国領として奪還しようとする人が三〇〇人以上集まって専門ウェブサイトや民間団体「保衛蘇岩礁協会」を立ち上げる動きが広がっていることを明らかにした。

中国のガス田（平湖）

ガス田開発の攻防

東シナ海の大陸棚については、日中両国の主張が激しく対立しているため、未だに境界が画定されていない。日本は、地理的中間線により境界を画定すべきであると主張しているのに対し、中国は中国大陸の自然延長の終点である沖縄トラフが境界であると主張している。

中国が主張する自然延長論は、国連海洋法条約上、大陸棚を二〇〇海里超えて延長する場合にのみ適用される理論であり、両国間の距離が四〇〇海里に満たない東シナ海では適用されない。また、日本が主張する地理的中間線に基づく解決は、現在の国際判例で定着している考え方であり、到底中国の主張は受け入れられない。

このような状況の中、中国は東シナ海の日中地理的中間線付近の平湖、樫および白樺の油ガス田などに採掘用の海洋構築物を設置し、一部で既に生産を開始している。

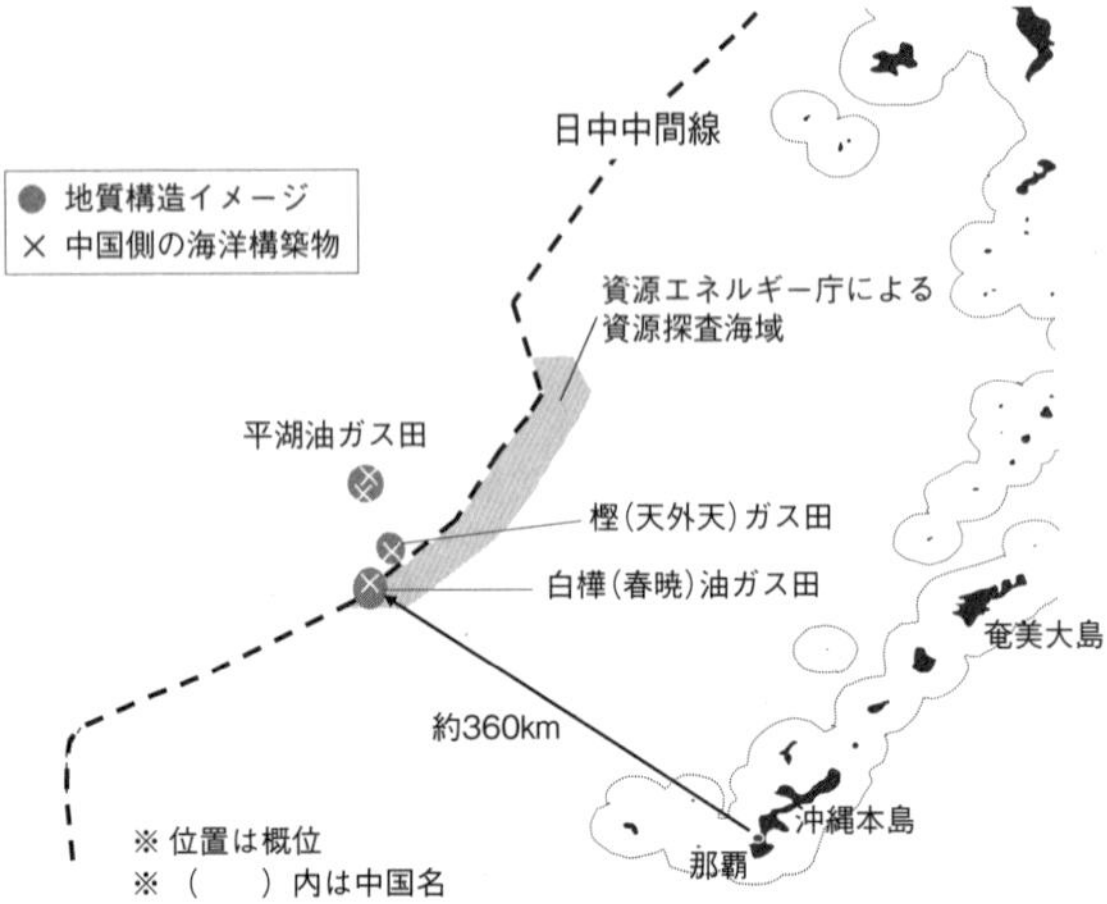

東シナ海における資源開発

資源エネルギー庁が行った探査結果によれば、白樺油ガス田は日中地理的中間線の日本側まで連続しており、樫ガス田についてもその可能性がある。そのため中国が日中間で地下構造がつながっているガス田の採掘をはじめると日本側の資源まで吸い取られる可能性が高い。

日本は、中国に対し、資源開発問題について話し合う「東シナ海等に関する日中局長級協議」などを通して、日中地理的中間線付近で行われている中国の資源開発の中止を求めているが、中国は協議には応じているものの、資源開発が中国側の海域で行われていることを理由に開発中止には応じておらず、開発・生産を着々と進めている。

日本政府は、二〇〇四年六月、中国が春暁の本格開発に着手したことを確認した。このため、中国側に抗議し、対抗策として、二〇〇五年七月、経済産業省が石油開発会社の帝国石油に試掘権を付与したが、実際に試掘は開始されなかった。中国は「日本の行為（試掘権付与)は中国の主権と権益に対する重大な挑発かつ侵害」と反論し、中国海軍の最新鋭艦を含む五隻程度の艦隊でガス田周辺の警備を行い、管轄の南京軍区や東海艦隊は、日本との突発的な軍事衝突に備えて第一級警戒態勢を布いたと言われている。

その後、中国側は日本に対し、日中中間線より日本側の領域のみの共同開発を提案しているが、日本政府は受け入れを拒否し、二〇〇五年一〇月、日中局長級協議で、日中中間線をまたぐ春暁など四ガス田に限って共同開発する提案を中国側に行った。二〇〇八年六月、中国は春暁ガス田の共同開発相手として日本企業の参加も認めると伝えてきた。

しかし、東シナ海ガス田は、大消費地・上海の一、二年分の需要を賄なう程度の埋蔵量しかないのではないかと推定されており、決して採算性のある事業ではない。そのことから、中国の真の狙いは、ガス田の開発自体より、日中中間線付近に複数のプラットフォームを建設することにより、日中中間線近くの海上に「事実上の中国領土」を人工的に作り上げ、東シナ海の制海権(中国の意図する第一列島線まで)と軍事的優位を確立することにあるのではないかとも考えられている。

❸日本海

韓国による「竹島」実効支配

竹島は、島根県隠岐諸島の北西約一六〇kmに位置する日本固有の領土で、西島(男島)、東島(女島)と呼ばれる二つの島とその周辺の数十の岩礁からなり、総面積は約〇・二三km²で、東京の日比谷公園とほ

竹島遠望、左が東島(女島)、右が西島(男島)

ぼ同じ広さである。

日本は、一九〇五(明治三八)年一月の閣議決定、それに続く島根県告示による竹島の島根県への編入措置により、近代国家として竹島を領有する意思を再確認した。

戦後の占領下、連合国軍総司令部の覚書により、竹島には日本の行政権が行使しえず、また、日本漁船の操業区域を規定した「マッカーサーライン」の外側にあったことから、日本漁船は付近海域での操業ができなかった。韓国は、サンフランシスコ平和条約の締結に伴うマッカーサーラインの撤廃前の一九五二年に、自国水産業の保護と称して海洋主権宣言を発し、竹島を取り込んだ「李承晩ライン」を設定し、日本漁船を締め出した。

この「李承晩ライン」は、一九六五年の日韓漁業協定の成立時に廃止されるが、協定が成立するまでの一三年間に、韓国による日本人抑留者は三九二九人、拿捕された船舶数は三二八隻、死傷者は四四人を数えた。

韓国は、一九五四年七月から竹島に警備隊員を常駐させるとともに、宿舎、灯台、監視所、アンテナ等を設置し、一九九七年一一月、五〇〇トン級船舶が利用できる接岸施設を、一九九八年一二月には、有人灯台を完工させるなど施設を増設している。また、竹島上空に、戦闘機を飛来させ、時には海軍による軍事訓練を行い、実効支配を強化している。海上保安庁は、竹島周辺海域に常時巡視船を配備して監視を続けるとともに、被拿捕の防止指導等を行っている。

「日本海」の名称問題

韓国は、「日本海」の名称を「東海(East Sea)」に改称すべきであると名称変更を強く主張している。「日本海(Japan Sea)」の名称は、海上保安庁が刊行する海図や国土地理院が刊行する地図はもとより、各国海洋情報機関が海図を作成する際のガイドラインとして世界水路機関（IHO）が刊行する「大洋と海の境界」にも掲載され、国際的に確立された唯一の名称として認知されている。

歴史的に見ると、「日本海」という名称は、一六〇二年の「坤輿《こんよ》万国図《ばんこくず》」に初出したと言われ、以降、一七世紀から西洋の地図によく見られるようになった。一八世紀後半から一九世紀の初めにかけて日本海の名称は、当該海域を示す単一の名称として国際的に確立した。

しかし、一九九二年に開催された第六回国連地名標準化会議以降、韓国は、「日本海」という名称は、日本が行った植民地政策に基づくものであり「日本海」を「東海(East Sea)」に改称すべき、あるいは「日本海」と「東海」と併記すべきとの主張をさまざまな国際会議などの場で繰り返している。

日本としては、航行安全の確保や経済社会活動における意思疎通の混乱回避などの観点からも、「日本海」が国際的に確立した唯一の名称であり続けるように万全の対応をとることとしている。

また、国際社会でも、日本政府の照会に対する国連本部事務局の回答(二〇〇四年)にあるように、

「国連公式文書では標準的な地名として「日本海」が使用されなければならない」との方針が公式に確認されている。

竹島周辺海域をめぐる海洋調査の日・韓の対立

韓国は、二〇〇五年頃、竹島周辺海域の海底地形の名称について、韓国名が国際的に認知されることを意図し、国際会議「海底地形名小委員会」で、既に登録されている日本の名称「対馬海盆」などを差し替えようとする動きを行った。

二〇〇八年四月、日本は、これの対案を出すことを念頭に、竹島周辺の海底地形調査を実施することにしたが、これに対し、韓国は「日本が強行調査するなら、拿捕等あらゆる手段をとって阻止する」と警告してきた。海上保安庁は、この調査は国内法に基づく行政行為であることから着々と準備を進め、測量船「海洋」「明洋」を鳥取県境港に派遣し、調査体制を整えた。

一方、不測の事態を避けるため、外務省を中心に韓国と交渉を行った結果、韓国は名称の提案は行なわず、日本も海底地形調査を中止することとなった。

4 西太平洋

中国の海洋調査船と潜水艦による領海侵犯

日本は、国連海洋法条約などに基づき、排他的経済水域において、日本の同意なく海洋の科学的調査を行うことを認めないとしているが、中国は、日本周辺海域における海洋調査などを活発に行い、この二〇年間に海洋の情報整備や調査研究などによって蓄積した情報は、既に日本を凌駕しているとの指摘もある。

一九九九年には、東シナ海における日本の同意のない中国の調査活動で、過去最高の三三隻の中国海洋調査船が確認された。この中には日本の領海内に侵入して調査活動を行うという極めて悪質な事案もあった。こうした東シナ海における無秩序な状況を解決するため、二〇〇一年、東シナ海の相手国の近海で海洋の科学的調査を行う場合は、調査開始予定の二カ月前までに、外交ルートを通じ通報することを旨とする「海洋調査活動の相互事前通報の枠組み」について合意し、同年二月から運用が開始された。その結果、東シナ海において日本の同意を得ない調査活動は減少した。

一方、沖ノ鳥島周辺海域での中国船による調査活動が新たな問題として浮上している。二〇〇三年および二〇〇四年には、国連海洋法条約に基づく手続きを踏んでいない中国の調査船による沖の鳥島周辺での広範囲にわたる行動が認められている。

これと連動するかのように、二〇〇四年一一月、中国海軍潜水艦の日本への領海侵犯が発生した。日本は、九州近海の日本の領海内で、国籍不明の潜水艦を確認したため、海上自衛隊に「海上警備行動」を発令した。その後、東シナ海で日本の領空外に設けた防空識別圏（ＡＤＩＺ）の外に出たため、「海上警備行動」は解除された。日本は、測定した潜水艦の音波と、海上保安庁航空機が撮影していた潜水艦と見られる写真の分析から、国籍不明潜水艦が中国海軍所属の漢級原子力潜水艦と断定、中国に抗議を行った。中国は、中国海軍所属艦が領海侵犯したことを公式に認めたものの、「技術的なトラブルで日

沖ノ鳥島

本領海に迷い込んだ」として謝罪を拒否、さらに「日本が大げさに事件を騒ぎ立てた」として不快感を表明した。

中国は、沖ノ鳥島を「岩」と主張

東京都小笠原村の沖ノ鳥島は、東京から約一七〇〇km離れた南の海に位置する日本の唯一の熱帯気候の島で、ハワイのホノルルとほぼ同じ緯度にある最南端の領土である。畳五畳分の岩と一畳分の岩からなる島だが、この島の存在により、日本は国土面積を上回るEEZを確保している。一九八七年、この岩が波などにより浸食され水没する危機となり、二年間で二八五億円をかけ、水没防止工事を行った。

中国は、沖ノ鳥島は「岩」であり、国連海洋法条約第一二一条第三項「人間の居住又は独自の経済的生活を維持することのできない岩は、排他的経済水域 又は大陸棚を有しない。」の規定により、沖ノ鳥島を起点としている日本の領海については認めるものの、排他的経済水域および大陸棚は認められないと主張している。

日本は、一九三一（昭和六）年七月、当時いずれの国にも属さないと認められていた沖ノ鳥島を、東京都小笠原支庁管轄下に編入し、それ以来、「島」として有効支配してきた。国連海洋法条約では、「島とは、自然に形成された陸地であって、水に囲まれた、高潮時においても水面上にあるものをいう」と定義し、このような「島」は領海、接続水域、排他的経済水域および大陸棚を有することが定められている。沖ノ鳥島は、まさにこの定義に該当する「島」であり、中国の主張は、全く根拠のないものである。

一九七七年から同島を起点として二〇〇海里の漁業暫定水域を設定したが、いかなる国からも異論を唱えられることはなく、歴史的にみても、既に日本が支配する「島」としての地位を確立している。

4　国際的に激化する漁業問題

北方四島の漁業問題

現在、ロシアによって不法占拠されている歯舞諸島、色丹島、国後島および択捉島のいわゆる「北方四島」は、日本固有の領土である。北海道根室の東端、納沙布岬からの距離は、歯舞諸島の貝殻島までは三・七km、色丹島まで七三km、国後島まで三七km、一番遠い択捉島でも一四四kmである。

不法占拠されている北方四島周辺海域は、水産資源の豊かなことで世界的にも有名な海域であり、しかも、小型漁船が容易に出漁できる距離にあるが、ロシアは、これらの島々の沿岸一二海里を自国の領

国後島より巡視船「さろま」で搬送された「第三十一吉進丸」被害者の遺体

海と主張し、日本側の操業を排除し続けている。ソ連時代から現在に至るまで、ソ連・ロシアが主張する領海において無許可で操業したなどとして、国境警備局警備艇により拿捕される日本漁船が後を絶たない。これは水産資源から得られる収益が、外貨獲得、税徴収の手段であり、ロシア連邦保安庁国境警備庁の国家予算となっていることが背景にある。

二〇〇〇年一二月に北方四島周辺海域で、第三国漁船の操業問題（いわゆるサンマ問題）が発生した。ロシアは、韓国との政府間合意に基づき、北方四島周辺水域における韓国サンマ漁船の操業を許可（操業期間は翌二〇〇一年七月から一一月、許可隻数二六隻、割当漁獲高一万五〇〇〇トン）した。これに対し、日本は、韓国漁船の三陸沖の操業許可を保留した上で、ロシアおよび韓国に対して、本件操業が行われることのないよう首脳レベルや局長級協議の開催など、あらゆる機会を利用して申し入れを行ったが、二〇〇一年八月、韓国漁船による北方四島二〇〇海里水域における操業が開始された。

また、二〇〇六年八月、日本漁船「第三十一吉進丸」が発砲を受け拿捕された事案では、死亡者が発生した。この事案を受け、海上保安庁はロシア連邦保安庁国境警備局との間で協議を重ねた結果、同年一二月、同種事案の再発防止を図るため、両機関間の情報交換をはじめとする連携・協力関係の強化について合意した。

韓国海洋警察庁警備艇（右端）と巡視艇（左側２隻）に挟まれた「502 シンプン号」

「五〇二シンプン号」の立入検査忌避事件

日本の排他的経済水域において、韓国漁船による不法操業が後を絶たず、極めて悪質な犯罪も発生している。

二〇〇五年五月、対馬沖合いで発生した韓国籍あなご筒漁船「五〇二シンプン号」による立入検査忌避事件は、立入検査のため移乗した海上保安官を乗せたまま五〇二シンプン号が逃走するという大変悪質なものであった。

最終的には、五〇二シンプン号の船長が、立入検査を忌避した違反事実を認め、早期釈放制度（ボンド制度）に基づく担保金の支払いを確約した保証書を提出したことで、船長を五〇二シンプン号とともに釈放し韓国側に引渡した。

EZ 漁業法違反の台湾漁船を取り締まる

台湾漁船による違法操業と台湾側からの抗議

日本が主権を有する海域において、農林水産大臣が台湾漁船に対してEZ漁業法（排他的経済水域における漁業等に関する主権的権利の行使等に関する法律）に基づく操業許可を与えていないことから、台湾漁船による日本の排他的経済水域における操業は、全てEZ漁業法違反になる。したがって海上保安庁、水産庁は、これら台湾漁船の取締りを行うことになっている。

二〇〇五年六月、与那国島付近で、水産庁所属の漁業監視取締船が台湾漁船を指導した際、台湾漁業関係者が日本側の取締りによって漁業権益が侵害されているとして、附近にいた他の台湾漁船七隻により取り囲まれ、抗議活動を受ける事案が発生した。

また、台湾の蘇澳の漁船五、六〇隻が、日本の排他的経済水域における漁業取締りに対し抗議するため、与那国島の北方約四〇km附近の海域に集結し抗議活動を行い、さらに台湾の国会議員、漁民代表などが台湾海軍の軍艦に乗艦し、当該漁業紛争海域の視察を行っている。これらの抗議活動の背景には、台湾が尖閣諸島領有を主張していることがあげられる。

逃走を続ける工作船

5　北朝鮮工作船捕捉
（九州南西海域不審船事案への対応）

二〇〇一年一二月、海上保安庁は、防衛庁から九州南西海域における不審船情報を入手し、直ちに巡視船・航空機を急行させ不審船を捕捉すべく追尾を開始した。同船は、巡視船・航空機によるたび重なる停船命令を無視し、ジグザク航行をするなどして逃走を続けたため、射撃警告の後、二〇ミリ機関砲による上空・海面への威嚇射撃および威嚇のための船体射撃を行った。

しかしながら、同船は引き続き逃走し、巡視船に対し自動小銃およびロケットランチャーのようなものによる攻撃を行ったため、巡視船による正当防衛のための射撃を実施した。その後、同船は爆発（原因不明）沈没した。

捜査の結果、海上保安庁は、この船舶が北朝鮮の

海底より引き上げられた工作船

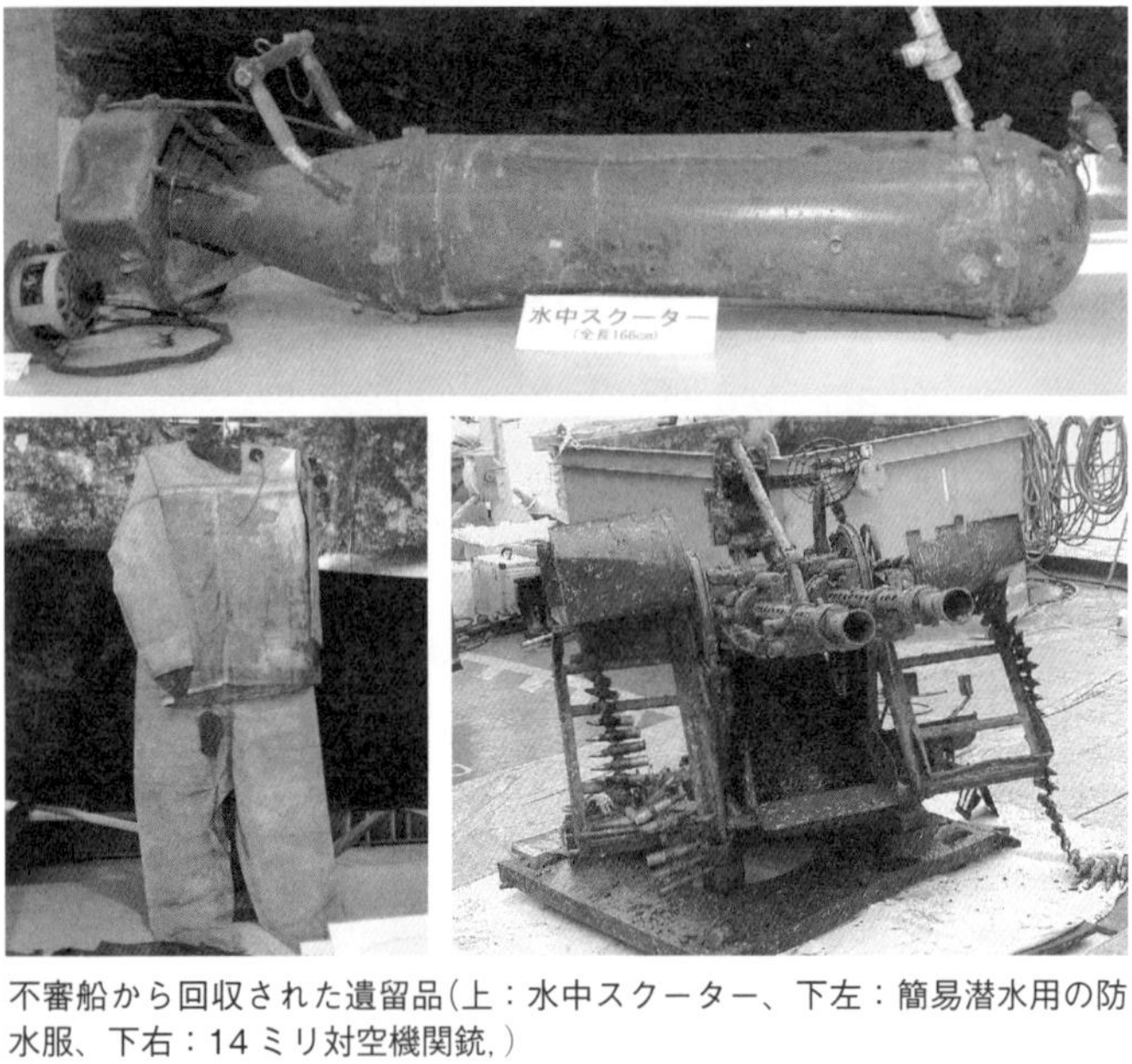

不審船から回収された遺留品（上：水中スクーター、下左：簡易潜水用の防水服、下右：14ミリ対空機関銃.）

「工作船」であると特定するとともに、覚せい剤等の薬物の密輸や、工作員の不法入国等の重大犯罪に係わっていた疑いが濃いこと、国内に協力者がいる可能性があることを明らかにした。

6　何故、激動する？　海洋東アジア

以上、海洋東アジアにおける対立、衝突の実態を見てきたが、最近、その対立・衝突が激しさを増している。

では、なぜこのような対立・衝突が多発しているのかを考えると、端的に言えば、国力、経済力等を背景に東アジアの国々の国益対国益が、海上において激しく対立・衝突しているということが言えよう。東アジアの国々がグローバル化する国際社会の中で、国家戦略として海洋に重点を置いてきたのである。人口問題、食糧問題、資源問題等、人類の直面する諸問題への対処には、地球表面積の約七割を占める海洋に依存せざるを得ない状況にある。さらに、海洋を巡る秩序形成はグローバルな規模で進んでおり、新海洋レジームともいうべきものが動きつつあるのではないかと考える。海洋における活動能力、科学技術力等を駆使して、国際政治力を発揮する国家戦略が、この地域の経済的発展等を背景にして、この海域で激しくぶつかっている。

近年海洋政策が大きく変化した背景に、一九九四年国連海洋法条約の発効があげられる。この条約に

より、それまでの「海洋自由の原則」が「海洋管理の原則」に変わったことに加えて、一九九二年リオデジャネイロ地球サミットで採択された「環境と開発」宣言と「持続可能な開発のための行動計画アジェンダ21」により、海洋を人類共有の財産として総合的に管理する方向に大きくシフトしたのである。

国連海洋法条約を概略すると、①航行等の自由の確保、②沿岸国の海域管理の拡大、③人類の共同財産としての深海底制度の創設、④海洋環境の保護・保全、⑤海洋の科学的調査、⑥海洋技術の発展および移転、⑦紛争の解決という七つの枠組みから構成されている。このうち②の「沿岸国の海域管理の拡大」という条項は、国民にもわかり易く、アピールしやすい政策である。しかしこの条項は各国の国益に直接的に影響するものであり、国策としてすぐに手を付けなければならないため、隣接国との利害関係も生じ易く、対立・衝突の火種となっており、関係各国の合意形成において極めて困難な問題となっている。

ここで、本筋から少し離れるかも知れないが、『海洋国家日本の構想』(高坂正堯著、中央公論新社)の一部を引用する。

低開発諸国の開発とならんで、私は海の開発の重要性を強調したい。いままで、海は資源としての価値をあまり持たなかった。海は極めて多様な資源を秘めながら、人間にその門戸を開放してこなかった。しかし、最近潜水技術の進歩、原子力などの巨大なエネルギーの開発、種々の海洋調査技術の進歩によって、その開発の可能性を示し始めた。

まず、すでに開発されている漁業資源が問題になるだろう。何故なら、今後十数年間に、世界の人口が十数億増加するものと予測されるし、彼らに必要な蛋白質資源がどこかに求められなくてはならないからである。それだけでもたいへん問題であるのに、それに続いて、海の鉱物資源の開発も次第に実用化してくるであろう。そして、それとともに国際法の原則であった海洋の自由という原則は不十分になり始めるであろう。この原則は、海洋が軍事的な意味と貿易のための公道という意味しか持たないときには妥協した原則であった。しかし、今や海は資源としての意味を持ち始め、その重要性を増していくであろう。それは今までの海洋の国際法秩序に衝撃を与えるものである。それは現に、漁獲高の制限や大陸棚の問題で、私たちに難しい問題を投げかけているのだ。

それは、国際秩序の問題であると同時に、日本の国民的利益の問題である。海は残された最大のフロンティアとして、今後重要性を増大させてくるであろう。その場合、日本がその国民的利益を守るにも、国際秩序の建設に参与するにも、海洋の開発に積極的に参加しなくてはならないのである。

そして、そのためには大規模な科学的基礎調査を必要とする。しかし、海洋の開発にあたっては、他の場合とは比較にならないほど多額で、私企業の投資ではとうてい不可能な調査投資が要求されるのである。何故なら、海は誠に広大で、その調査には著しい費用と人材を必要とするからである。

この論文が発表されたのは一九六五年。国連海洋法条約が発効する約三〇年も前に、海洋開発問題が間接的に国家防衛にもつながっていることを指摘している点など、海洋問題を視野広く考えていることに敬服する。

この著書の中で高坂先生は、「海洋開発・海洋活動には多額の予算が必要であり、私企業の投資ではとうてい不可能な調査投資が要求される」と述べ、国家としての明確な意志がなければならないと指摘している。

東アジアの国々は近年経済的に急成長を続け、その発展には著しいものがある。この経済力を背景に海洋にも積極的に進出を始めたということであろう。プロローグでも言及したとおり、大陸国家「中国」は国家経営のため海洋国家としても顕著な動きを見せており、半島国家「韓国」はソウルオリンピック以降、国家戦略を海洋国家戦略に切り替え、「極東ロシア」は日本海、北太平洋方面に着実に経済進出を続け、さらに台湾は、歴史的に長く海禁政策をとっていたが、近年島国国家という地理的環境、中国および日本との地政学的環境等から、行政院に海岸巡防署(台湾コーストガード)を設置するなど、その政策を海洋国家戦略に切り替えている。各国が国家経営として海洋政策を進めるなか、海洋国家「日本」も平成一九年七月、海洋基本法を施行し、国家の意志として海洋権益の確保を重要な国家戦略と位置づけ各施策を推進し始めた。

こうした各国の動きの中で、相互の国益が激しく対立、衝突し、さまざまな国際摩擦が表面化しているのがこの海洋東アジアの現状である。今後ともこの状態は当分継続するであろうし、さらに激化する可能性もある。

だが、海洋東アジアにおいて、リーダー的海洋国家である日本が、今後経済だけでなく政治分野においても、この激動する海洋アジアの安定のために主導的な主張をなすべきではないかと考える。

◆コラム「海賊・海上武装強盗」問題

「海賊（行為）」は、古くから「人類共通の敵」とみなされ、すべての国家がその抑止に協力するものとされてきた。よって、いずれの国家も、海賊船舶・航空機を捕まえ、人・財産を逮捕・押収し、自国の裁判所で処罰できる。これは普遍主義と呼ばれ、旗国主義の例外である。

海賊行為の定義は、国連海洋法条約第一〇一条で、①私有の船舶・航空機の乗組員または旅客が、②私的目的のために、③公海またはいずれの国の管轄権にも服さない場所で、④他の船舶・航空機に対して行う、不法な暴力行為、抑留または略奪行為と規定され、領海内で発生した船舶内・航空機内での暴力行為は、海賊行為に含まれない。

日本では、「船舶に対する武装強盗」の定義を「沿岸国の司法管轄内における船舶、又は船舶内にある人、若しくは財産に対する不法な暴力行為、抑留、略奪行為、又はそれらに係る脅迫のことをいう」として、国連海洋法条約の海賊行為とは別の犯行形態とし、二つを併せて広く「海賊」としている。

ＩＭＢ（国際商業会議所国際海事局）が二〇〇九年一月に発表した年次報告書（速報）によると、二〇〇八年に世界で発生した海賊および船舶に対する武装強盗事件（以下「海賊」という）は、二九三件で、二〇〇三年から二〇〇六年まで減少傾向にあったが、二〇〇七年から増加に転じ、二〇〇八年は前年に対して一一％（三〇件）増となった。

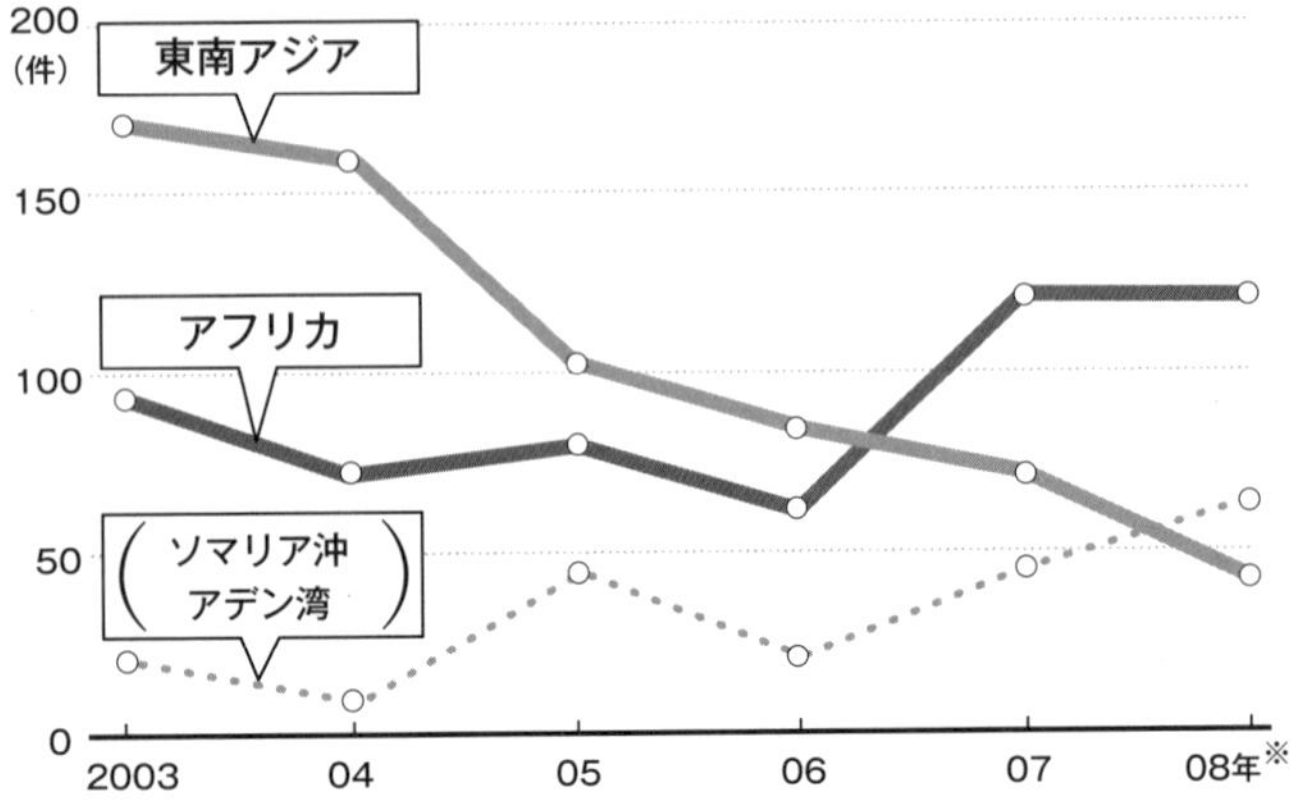

※2008年は、9月末現在までの件数

アフリカ・東南アジアの海賊発生件数の推移(IMB：国際商業会議所国際海事局資料による)

アジアにおける発生件数を海域別にみると、インドネシアが最も多く、次いでバングラデシュ、インド、マラッカ海峡、マレーシアの順で発生しているが、最近では、アフリカのソマリア沖、ナイジェリア沖でハイジャック型の海賊が多く発生している。

日本は、食料やエネルギーなどの資源の大部分を輸入に頼っており、経済や国民生活は国際貿易に大きく依存している。日本の貿易取扱量の大部分は、海上輸送でまかなわれ、なかでも、アジア・中東地域との海上輸送量は、全体の半分以上を占めている。

これらの海上輸送を担うタンカー、コンテナ船等の貨物船は、海賊事件が多発しているマラッカ・シンガポール海峡やソマリア沖・アデン湾海域を、昼夜問わず航行しており、乗船する多くの船員は、身の危険を感じながら職務を遂行している。これらのシーレーンの安全確保と治安の維持は、日本にとって極めて重要である。

次に日本人が関係したマラッカ・シンガポール海

ALONDRA RAINBOW 号

峡でおこった二件のハイジャック事件を紹介する。

◎ALONDRA RAINBOW号事件概要

一九九九年一〇月二二日、パナマ籍貨物船「ALONDRA RAINBOW号」(以下A号、総トン数七七六二トン、日本人二名を含む乗組員一七名)はインドネシアのクアラタンジュン港から日本へ向け出港。マラッカ・シンガポール海峡を航行中、銃とナイフで武装した海賊により襲撃を受け、積荷ごとハイジャックされた。

A号乗組員は、海賊船に監禁された後、救命筏に移されて解放され、約一〇日間漂流した後、タイのプーケット島沖で漁船に発見され全員救助された。

A号は、船体塗色を塗り替えられていたが、一一月一六日、インド沿岸警備隊によってインド西方で発見捕捉され、インド海軍等により制圧された。

海上保安庁は事件発生後、巡視船・航空機をA号が航行すると推測される東南アジアの航路付近まで派遣

韋駄天

し、捜索を行った。

◎日本籍船舶「韋駄天」事件概要

二〇〇五年三月、日本籍船舶「韋駄天《いだてん》」（四九八トン、乗組員日本人八名、フィリピン人六名）がマレーシア領海内のマラッカ海峡を航行中に、武装集団が乗り込んだ小舟に襲撃された。海賊が乗り込んだ小型漁船は、銃撃しながら「韋駄天」に接近。四、五人が船内に乗り込み、日本人の船長と機関長の二名、フィリピン人乗組員一名の計三名が連れ去られた。その際、船長室、書庫などから、金品や船舶関連書類が奪われ、船体には銃こん二発が残されていた。その後、「韋駄天」は、無事だった乗組員一一人を乗せ、ペナン島に向かった。

事件発生から六日後、日本人船長、機関長ら三人は無事解放された。

海洋法に関する国際連合条約

第百一条　海賊行為の定義
海賊行為とは、次の行為をいう。
(a)　私有の船舶又は航空機の乗組員又は旅客が私的目的のために行うすべての不法な暴力行為、抑留又は略奪行為であって次のものに対して行われるもの
(i)　公海における他の船舶若しくは航空機又はこれらの内にある人若しくは財産
(ii)　いずれの国の管轄権にも服さない場所にある船舶、航空機、人又は財産
(b)　いずれかの船舶又は航空機を海賊船舶又は海賊航空機とする事実を知って当該船舶又は航空機の運航に自発的に参加するすべての行為
(c)　(a)又は(b)に規定する行為を扇動し又は故意に助長するすべての行為

第百三条　海賊船舶又は海賊航空機の定義
船舶又は航空機であって、これを実効的に支配している者が第百一条に規定するいずれかの行為を行うために使用することを意図しているものについては、海賊船舶又は海賊航空機とする。当該いずれかの行為を行うために使用された船舶又は航空機であって、当該行為につき有罪とされる者により引き続き支配されているものについても、同様とする。

第百五条　海賊船舶又は海賊航空機の拿捕
いずれの国も、公海その他いずれの国の管轄権にも服さない場所において、海賊船舶、海賊航空機又は海賊行為によって奪取され、かつ、海賊の支配下にある船舶又は航空機を拿捕し及び当該船舶又は航空機内の人を逮捕し又は財産を押収することができる。拿捕を行った国の裁判所は、科すべき刑罰を決定することができるものとし、また、善意の第三者の権利を尊重することを条件として、当該船舶、航空機又は財産についてとるべき措置を決定することができる。

第百六条　十分な根拠なしに拿《ダ》捕が行われた場合の責任

海賊行為の疑いに基づく船舶又は航空機の拿《ダ》捕が十分な根拠なしに行われた場合には、拿《ダ》捕を行った国は、その船舶又は航空機がその国籍を有する国に対し、その拿《ダ》捕によって生じたいかなる損失又は損害についても責任を負う。

第百七条　海賊行為を理由とする拿捕を行うことが認められる船舶及び航空機

海賊行為を理由とする拿《ダ》捕は、軍艦、軍用航空機その他政府の公務に使用されていることが明らかに表示されておりかつ識別されることのできる船舶又は航空機でそのための権限を与えられているものによってのみ行うことができる。

3

ポリスシーパワーの本質

海上保安庁法

〔武器の使用〕
第二十条　海上保安官及び海上保安官補の武器の使用については、警察官職務執行法（昭和二十三年法律第百三十六号）第七条の規定を準用する。

② 前項において準用する警察官職務執行法第七条の規定により武器を使用する場合のほか、第十七条第一項の規定に基づき船舶の進行の停止を繰り返し命じても乗組員等がこれに応ぜずなお海上保安官又は海上保安官補の職務の執行に対して抵抗し、又は逃亡しようとする場合において、海上保安庁長官が当該船舶の外観、航海の態様、乗組員等の異常な挙動その他周囲の事情及びこれらに関連する情報から合理的に判断して次の各号のすべてに該当する事態であると認めたときは、海上保安官又は海上保安官補は、当該船舶の進行を停止させるために他に手段がないと信ずるに足りる相当な理由のあるときには、その事態に応じ合理的に必要と判断される限度において、武器を使用することができる。

一　当該船舶が、外国船舶（軍艦及び各国政府が所有し又は運行する船舶であって非商業的目的のみに使用されるものを除く。）と思料される船舶であって、かつ、海洋法に関する国際連合条約第十九条に定めるところによる無害通行でない航行を我が国の内水又は領海において現に行っていると認められること（当該航行に正当な理由がある場合を除く。）

二　当該航行を放置すればこれが将来において繰り返し行われる蓋然性があると認められること。

三　当該航行が我が国の領域内において死刑又は無期若しくは長期三年以上の懲役若しくは禁錮に当たる凶悪な罪（以下「重大凶悪犯罪」という。）を犯すのに必要な準備のため行われているのではないかとの疑いを払拭することができないと認められること。

四　当該船舶の進行を停止させて立入検査をすることにより知り得べき情報に基づいて適確な措置を尽くすのでなければ将来における重大凶悪犯罪の発生を未然に防止することができないと認められること。

〔解釈上の注意〕
第二十五条　この法律のいかなる規定も海上保安庁又はその職員が軍隊として組織され、訓練され、又は軍隊の機能を営むことを認めるものとこれを解釈してはならない。

1　シーパワーとは何か?

アメリカの海軍戦略家で、アメリカ海軍大学校長も勤め、海軍少将で退役したアルフレッド・T・マハン(一八四〇年~一九一四年)は、その著書『海上権力史論』の中で、「ここにいうシーパワーとは武力によって海洋ないしはその一部を支配する海上の軍事力のみならず、平和的な通商および海運をも含んでいる」と述べている。マハンは、海洋国家の歴史を研究する中で、海洋をいかに日常的に利用し、コントロールするかが、その海洋国家としての繁栄を左右することに気づき、海軍力よりも広い概念として〝シーパワー〟という新しい言葉を使用した。そして、このシーパワーという新しい海上権力の考え方に基づき軍事力、政治力、国力などを体系的に分析した結果を著作『海上権力史論』や『海軍戦略』にまとめた。この海上権力の考え方は、その後の海軍戦略論や地政学に大きな影響を与え、現代に至るまで海洋国家としての海洋戦略の基盤的理論に反映されている。

マハンは、シーパワーの要素を次のように要約している。

①海洋は陸路より自由な通商路
②海洋は陸路より安全かつ安易、安価な通商路
③海洋の通商路保護のために存在する海軍力
④海洋の通商路端末の安全な港湾
⑤通商路沿いの防衛拠点の確保

ここにいう広い意味のシーパワーとは、武力によって海洋を支配する海軍力のみならず、平和的な通商力および海運力をも含んでいる。そして、これらを確保・維持・整備することによって国家経営を行うパワーを育成することが、海洋国家としては必要であると考えた。さらに、平和な通商および海運維持のため海軍の艦隊が生まれてきたのは、極めて自然なことであり、それが艦隊の基盤になるのであるとも述べている。これがマハンの考えたシーパワーという概念である。

2 海軍力から海上警察力へシフト

西洋における大航海時代、海洋国家は、通商・海運により、未知なる世界への冒険という大きな危険と引き替えに、膨大な利益を獲得し、国家を繁栄に導いた。航海は長く危険であり、しばしば敵にも悩まされた。また、植民地獲得活動が最も活発な時代の海には、海賊が海洋の通商路にしばしば出没するなど無法状態がはびこったが、これらは膨大な利益を通商・海運によって上げていたことの証でもある。しかし、海賊による被害が徐々に無視できないものになると、マハンがシーパワーの要素として取り上げた「海洋の通商路保護のために存在する海軍力」が必要となってきた。そして海賊が横行した中世ヨーロッパにおいてローマ法王庁は、海賊行為は海洋国家に対する敵対行為であり、かつ彼らが特定の国家に属する組織でもないことから、「海賊は人類共通の敵」だというルールを作るのである。

ここで重要なのは「敵」という言葉である。当時、海賊行為は普通の海上犯罪ではなく、その取締りに際しては戦闘行為、交戦権に準じた取扱いをしてもよいと考えられていた。犯罪の取締りであれば、厳格に法律に基づいて処分しなければならないが、海賊を「敵」と見立てた場合は、刑事法令の執行ではなく、交戦法規に基づいて武器を用い、捕獲したり、撃沈してしまうことも許された。したがって、海賊の取締りは海軍が交戦権の行使として行うという思考と仕組みが生まれ、海上警察権は、海軍力によって行使されてきたである。しかし、時代とともに、さまざまな資源（コーヒー、ゴム、小麦、金、銀等の食糧、農産物、鉱山物等）の海上輸送が大量に行われたり、漁業活動が活発に行われるなど海洋利用が進んでくると、海上での密輸出入等の不法取引きや、密航といった新しいタイプの海上犯罪が増えてきた。こうなってくると海賊の取締りのように、自国の船であろうと他国の船であろうと「人類の敵」として海上犯罪を犯す船を発見した国が、海上警察権を行使するという単純な権限行使では、その違反船の所属する国（旗国）との間で問題が生じる様になってきた。そこで海賊の取締りとは区別して、海の秩序を害する海上犯罪が行われたときは、取調べについては見つけた国が行うが、裁判は違反船の旗国にやらせるという海上犯罪取締りについての国際条約が生まれたのである。

この様な経緯によって現在では、海の秩序維持は本来の海軍の手を離れ、海上保安という犯罪取締りのための警察機関が担当するようになってきた。

国際海洋法裁判所元判事の山本草二先生は講演録の中で、

今まで海軍力に支えられて海上警察が行われてきた伝統がぐらついてきます。新しいタイプの海上犯罪が生まれてくると、それは臨検捜索をやって犯罪の証拠を集めるというところに中心がある以上、海賊を見つけたらすぐに乗り込んで行って、軍事活動として、場合によったら、いきなり船を撃沈してもいいという伝統では、この新しい海上犯罪を取締っては行けません。そういう意味で一九世紀後半というのは非常に面白い時期で、海軍力に頼ってきた海上警察権が、文民による海上警察権に動いていく、移り変わっていく時期です。だから今日の海上保安業務の出発点は、ローマ帝国(時代)でもヨーロッパ中世でもないし、一五〜一六世紀でもなく、やっと一九世紀の五〇年代以降になって、海上保安業務の本質というものが生まれるようになってくる訳です。

と述べているが、海上警察権の本質は、平時においては海軍力にかわって沿岸国の安全を沿岸国の管轄権に基づき守るということにあるのだと気付かさせられる。ここでいう沿岸国の安全とはセキュリティーという意味だが、国自体の安全であり、直接的に国民個人の安全(セイフティー)を守ることではない。言い方が非常に難しいが、この場合、海上犯罪の被害者は誰かということである。例えば、密航・密輸事件で銃器・薬物を押収、密航者を逮捕した場合、その時の被害者は誰であるのか？　水際で犯罪行為を阻止して被害は発生していないので被害者はいない。しかし、水際でこの海上犯罪を阻止できず、武器を持って上陸した密航者が、日本人を殺したとする。するとこの日本人は被害者になるが、この場合、もはや海上犯罪ではなく、陸上犯罪となる。海上犯罪の被害者個人を特定するのは難しく、見えにくいものであるが、海上犯罪において直接の被害者は「国」であり、間接的かつ最終的には国民に被害が波及することになる。このような意味合で、海上警察権の本質は「国の安全」を守ることであると考える。

3　日本のポリスシーパワーの誕生

日本の海上保安庁は、第二次世界大戦後の敗戦による混乱、復興の中で、戦後処理である機雷の掃海、不法入国者の監視、海図の作成、灯台の復旧等を当面の急務として、一九四八（昭和二三）年五月一日に、海上における治安の維持と海上交通の安全の確保を一元的に担当する機関として創設された。

当時日本を占領していたアメリカのコーストガードをモデルに、海上保安庁という海上保安制度が創設されたが、戦勝国サイドから再軍備化の動きではないのかという疑念がもたれた。その疑念を払拭するため定められたのが海上保安庁法第二五条（解釈上の注意）である。その規定は「この法律のいかなる規定も海上保安庁またはその職員が軍隊として組織され、訓練され、又は軍隊の機能を営むことを認めるものとこれを解釈してはならない。」というものであり、日本の海上保安制度は海軍力を背景とした組織ではなく、海上警察力を背景とした組織であることを宣言した。

後の陸上自衛隊を警察予備隊と呼んだ議論と似ているが、すでに、海上における治安の維持やこれを害する海上犯罪の取締り等は、海軍の手を離れ、海上保安という犯罪取締りのための警察機関が担当する考え方が主流になりつつあり、海上保安庁法第二五条は、改めて明文化する必要がなかったかも知れない。しかし、当時海軍力と海上警察力をはっきり区別する考え方が、世界的に制度として確立していたのかどうかわからないが、その考え方を国内法で明確に宣言したことは、世界の海上保安制度の中でも画期的であったと思われる。

海上保安大学校名誉教授の廣瀬肇氏は講演録の中で海上保安庁法第二五条に関し、

明治の初期に陸軍が創設されるときに、日本は、組織や権能においても軍と警察を別のものとする「軍警分離」が行われましたが、昭和二三年にはすでに海軍は存在しなかったとはいえ、法律制度上、海上においても「軍警分離」即ちネイビーとコーストガードとの分離が明確にされ、任務において海軍は軍事行動、海上保安庁は法令の励行事務、英語でＬａｗ Ｅｎｆｏｒｃｅｍｅｎｔがその主たるものであることが明らかにされたのでございました。

と述べている。陸上の組織では明治初期に軍事力と警察力は違う権力とされて現在に至っているが、海軍と海上警察力との分離は、前項で指摘したとおり、海上保安業務の本質がようやく明確になってきた一九世紀後半以降である。海上保安庁法第二五条の位置付けは、「日本のポリスシーパワーの誕生」を証明する非常に重要な条文ではないかと考えている。

4　領海警備から見えてくるポリスシーパワーの正体

海上保安庁の重要な業務の一つが領海警備である。領海警備は外国船舶が国際法で認められた「無害通航」(ただ単にその領海を通過することが目的の航行状態)や「緊急入域」(病人発生やエンジントラブル等を処置するための領海への入域)以外の目的で領海内において停泊、徘徊、不法行為等を行っていないか等の監視・取締りを行う業務である。また、外国の海洋調査船が日本の領海やEEZ(排他的経済水域)で、国際ルールに則っていない調査を行っていた場合に、調査の中止を要求したり、外務省に情報を提供し外交ルートを通じて相手国に抗議する等の業務を行っている。

領海警備は国際的、外交的問題に発展する可能性が大きい業務なので、その実力行使に当たっては、その措置が国際法上かつ国内法上いかなる性格をもっているのか、法律に基づきどこまでの実力行使ができるのかを考えておかなければならない。海上保安庁では領海警備の的確な遂行、国内外の関係機関との情報交換、情報収集を行い、情報に基づき効率的に巡視船艇・航空機を使い、日夜、日本の海洋権益等を守るため、私たちの目の届きにくい海域で活動している。

領海警備の実施対象は、私人による侵犯行為(密航、密輸、密入国、密漁等)から国家の意思による侵犯行為(スパイ工作行為等)まで幅があり、その実力行使には、警察作用と軍事作用の両方を持って対処することになる。国際法上適正な行為である限り、いきなり軍事作用におよぶのではなく、警察作用で対処する方が、紛争になる可能性が低いと考えられる。

また、二度と戦争をしない為に日本は軍事組織ではなく、また陸上警察組織とも異なる海上保安庁という海上警察組織を先進的に設置したのではないかと考えている。

逃走する台湾漁船へ強行接舷する巡視艇

廣瀬肇氏は講演録の中で、現代的シーパワーに関して、

「国連海洋法条約」発効以来、海洋法裁判所も機能し始め、海洋に生起する紛争は平和的に、条約と交渉の中で解決が図られるべく世界各国が努力を続けているという現状がある。いわゆる海洋権益を手に入れるために軍事力(そのプレゼンスも含めて)を使用するということは、最早過去の発想であるはずである。かって「海洋国家」は、海軍力を有するがゆえのSEA POWERといわれたが、現代的SEA POWERは、海上通商の安全確保のため、海洋の平和と秩序を維持する機能を多国間の協働(取り分け海上警察機関による連携・協力)で発揮しつつ、具体的な海上の危難に対処する力と考えて差支えないであろう。

と、シーパワーの役割りが時代の変化に応じて、国際的にシフトしつつあると述べている。

その証として、最近東アジアの海洋国家(フィリピン、マレーシア、インドネシア、台湾等)では海軍から海上保安機能を切り離し、新たに海上保安機関を設立する動きが見られる。平時においては、警察作用としての海上警察権による領海警備の方が有効であると認識されてきているのである。

5　ポリスシーパワー武器論

警察官職務執行法の限界

海上保安官の武器の使用については、海上保安庁法第二〇条により警察官職務執行法(以下「警職法」という)第七条が準用され、犯人の逮捕・逃走の防止、自己・他人の防護又は公務執行に対する抵抗の抑止等のため必要なときは武器の使用が認められている。しかし、人に対する危害射撃が許容されているのは、正当防衛・緊急避難に該当する時、およびその他重大凶悪犯罪(死刑又は無期若しくは長期三年以上の懲役・禁固にあたる犯罪)の既遂犯人が抵抗・逃亡する時などで、他に手段がないときに、始めて武器を使用することができ、極めて限定されている。この警職法第七条に定める武器の使用要件は、元来、警察官が犯人の逮捕・逃亡の防止等を対象として武器を使用する場合を想定しており、同じ司法警察職員である海上保安官にも準用したものであるが、海上において船舶で逃走する犯人の逮捕、逃走の防止を想定した法制度ではないことは明らかである。

領海警備において、領海内の不審船や工作船を捕捉し、犯人等を確保するためには、まずその船舶を停船させる必要があるが、停船命令に従わず、逃走を続ける場合には、船舶に対する威嚇射撃だけで、停船させるのは極めて困難である。人に危害が及ぶ可能性があっても船体に直接射撃して、物理的損害を与えなければ、船舶を停止させ、取締りの実効を挙げることはできない。

しかし、この場合、警職法第七条での武器の使用要件である正当防衛、緊急避難の要件を満たしていない上、船舶の外観だけから重大凶悪犯罪を犯しているかどうか判断することは極めて困難である。したがって、警職法第七条で定められている「人に危害の可能性のある」船体射撃を行うことはできない。

そこで、このような工作船等に対処するため、二〇〇一(平成一三)年一一月に国益の侵害に関する重大性を勘案、ひいては国家の安全を確保するため、海上保安庁法第二〇条第二項に、海上保安官による「武器の使用」に関する規定が新設された。改正の内容は、工作船等に対して的確な立入検査を実施する目的で停船を繰り返し命じても、乗組員等がこれに応じず抵抗、逃亡しようとする場合において、海上保安庁長官が一定の要件に該当する事態であると認めた場合に、逃亡する船舶を停船させる目的で行う船体射撃について、人に危害を与えても違法性が阻却される。すなわち、罪は問われないというものである。

警察比例の原則とは

司法警察職員、すなわち警察官、海上保安官のけん銃等武器の使用については、前述したとおり警職法等の法律により厳密に制限されている外に、警察権の行使について警察権の限界に関する原則がある。その一つに武器の使用を含んだ警察権の行使に関して「警察比例の原則」といわれる原則がある。

「警察比例の原則」とは、警察権の行使については、その対象となる社会公共の障害の大きさに比例しなければならず、かつ、その障害を除去するために必要最小限度にとどめなくてはならないとする原則である。

これは要するに、警察力の行使は犯罪の重大性等を考慮して、強めたり弱めたりしなければならず、しかも必要最小限にしなければならないということである。極端なことを言えば、犯人が単独ならば、警察官も単独、多数ならば、それに比例した数の警察官で、相手が素手ならば、警察官も素手、相手がナイフならば、警察官は警棒、相手がけん銃ならば、警察官もけん銃で対応する等、相手側のパワーに比例して警察力を行使しなければならない。さらに、現場の状況を判断してそのパワーの行使は必要最小限にとどめなければならない。また、けん銃の場合、相手が撃たなければ、警察官も一方的には撃てない。社会・公共の秩序維持の為に国民等に命令・強制をする警察作用についての法律条理上の原則的制限もかけられている。

武器取扱いのための厳しい教育訓練

海上保安官も司法警察職員である以上は、武器の使用を含んだ実力行使について、今まで述べてきたように法律や警察比例の原則により、極めて限定された条件下で業務を遂行している。この為、海上保安庁は海上保安官を、教育・訓練する海上保安大学校等の部内教育機関において厳しい教育・訓練を行

訓練の様子

うとともに、最前線の現場においても繰り返し訓練を行い、法律、警察比例の原則に則った実力の行使であることを法執行官として身をもって体得することに努めている。

あまり知られていないことであるが、海上保安官は正当防衛、緊急避難等の場合、けん銃を撃つことができるが、法律で武器の使用を認められているのは、海上保安官個人であるということである。武器の使用は、あくまでも現場で海上保安官が個人の判断で行い、その結果に対し、保安官個人がその状況を立証し、結果責任を負う。

その判断はよく海上保安官が刑務所の狭い塀の上を走りながら、犯人を制圧するためにけん銃を使用するという状況にたとえられる。けん銃を使用したとしても、その刑務所の内側に落ちず、その外側に落ちる、すなわち、法律的責任を問われない適正な法執行を行うことが要求されるのである。

数年前、陸上自衛官がいわゆるテロ特措法に基づきイラク・サマワに派遣された際、武器の使用については正当防衛、緊急避難に制限された。各地駐とん地等の訓練施設での訓練状況が報道されたが、平時に武器を使用するためには、戦時に武器を使用するための訓練よりも難しい訓練(状況判断力)が要求される。

武器論から見えてくるポリスシーパワー

さらに指摘しておきたい点は、前にも触れたが武器の使用を含む警察力の対象が陸上と海上では違うということである。陸上では、主に人を対象として警察力を行使する場合を想定して法整備がなされているが、海上では、最終的には犯人である人を対象とするのは同じであるが、まずは主に船舶を対象としなければならない点である。

この観点から海上保安庁が装備する武器を見れば、ポリスシーパワー武器論がいかなるものであるかが、より明確になってくる。海上保安庁発足当初、司法警察職員である海上保安官には、けん銃を携帯させるとともに、巡視船艇には小銃、四〇ミリ機関砲、三インチ砲を装備させ、さらに最近就役した高速高機能巡視船艇には射撃管制機能付四〇ミリ、三〇ミリ、二〇ミリ機関砲を装備させている。このような装備をみると、ポリスシーパワーの対象が、まずは船舶であるということ、さらに船体射撃に際して、乗組員に危害が及ばないよう、正確な射撃が行える配慮がなされていることがわかる。これは海上での海上警察力行使の場面をイメージすれば、容易に理解できる。例えば巡視船と同じ大きさの船舶に対し、海上保安官がけん銃を向けて停船命令を出しても、これは〝個人対船〟の関係であり、あまりにもその効果は薄いが、小銃、さらには機関砲ならば〝船対船〟の関係となり、効果的な武器となる。海上保安庁が装備する武器は、発足当初から〝船対船〟を想定して装備されているものである。これらの武器を使用するためには、当然、先に述べた法律、警察比例の原則のもと、組織としても厳正に管理されている。

ポリスシーパワーの武器は、以上の様な制度、考え方等によって装備、管理、使用されており、ミリタリーシーパワーである海軍の武器とは、大きな相違がある。ポリスシーパワーとミリタリーシーパワーの相違について広瀬先生は講演会で、

ポリスシーパワー行使は、法律知識等の訓練を受けた者が海上犯罪を犯した船舶等に対して、相手方の人権にも配慮し、法令の励行、取締り等を執行するものであり、警察作用は人権保障を前提とし、軍事作用は人権問題とは次元が異なる作用である。

と述べ、ポリスシーパワーとミリタリーシーパワーの違いを次のように対比させている。

コーストガード（沿岸警備隊）・海上保安庁		ネイビー（海軍）・海上自衛隊
行政的平和的海上権力機関	⇕	軍事的非平和的海上権力機関
分散配置（保安部署、警察は駐在所等に分散）	⇕	先制と集中（艦隊行動）
法令の適用・執行の法技術	⇕	エレクトロニクス等の軍事技術
人と船舶への法執行作用（軍艦公船を除く）	⇕	軍事目標の破壊・敵の殲滅
比例原則の適用（法治主義の全面適用）	⇕	害敵手段に制限なし
司法的統制（最終的に裁判所の判断による）	⇕	シビリアンコントロール
相対的に低コスト	⇕	高コスト
国際紛争に関連しない	⇕	国際紛争にリンク
近隣諸国の疑惑を招かない	⇕	近隣諸国からの猜疑に配慮
海上における人命財産の保護・治安維持	⇕	直接侵略・間接侵略に対処
警察機関は政治的に中立	⇕	戦争は政治の延長（クラウゼビッツ）

6　ついに見た!!　日本のポリスシーパワー

今でも鮮明な記憶として残っている海上保安庁の巡視船艇・航空機と北朝鮮工作船による、日本の領海警備を巡る攻防は、海上保安庁のポリスシーパワーの存在を私たちに強烈に印象付けるとともに、その存在の必要性等を強く認識させた。この二つの事件の概要を振り返ってみる。

①一九九九(平成一一)年三月二三日、能登半島沖の不審な漁船に関する情報を海上自衛隊から入手し、巡視船艇一五隻、航空機一二機により不審船二隻を追跡、停船命令を発したが、これを無視し逃走し続けたため、威嚇射撃を実施した。航続距離、速力の問題から巡視船艇による追跡が困難となり、海上自衛隊の海上警備行動が発動されたが、不審船を捕捉するには至らなかった。

②二〇〇一(平成一三)年一二月二二日、海上保安庁は防衛庁から九州南西海域における不審船情報を入手し、直ちに巡視船、航空機を急行させ同船を捕捉すべく追跡を開始した。同船は巡視船、航空機による度重なる停船命令を無視し、逃走を続けたため、射撃警告の後、二〇ミリ機関砲による上空・海面への威嚇射撃および威嚇のための船体射撃を実施した。しかし、同船は引き続き逃走し、巡視船に対し自動小銃およびロケットランチャーによる攻撃を行ったため、巡視船による正当防衛射撃を実施した。その後同船は自爆用爆発物によるものと思われる爆発を起こして沈没した。

不審船への威嚇射撃（能登半島沖）

日本が行った戦後初めての外国船舶との銃撃攻防戦であり、海洋の平和と秩序を維持する厳しい現実を改めて見せてくれた事件である。

九州南西海域における工作船事件の後、海上保安庁は、沈没工作船を引き上げ、徹底的な捜査を行い、工作船乗組員一〇名について、日本の漁業法立入検査忌避罪と海上保安官に対する殺人未遂罪の容疑を固めて鹿児島地方検察庁にこの事件を送致した。

なお、海上保安庁が行った一連の措置および法律的処理に関して、関係する国家、さらには外交的にも国際海洋法裁判所に提訴された事実はなく、国内法はもとより国際法に基づいた適正な措置、処理であったと思われる。加えて、二国間の紛争にも発展していない事実は、先に引用した広瀬先生の言うとおり、〝現代的シーパワーは、海洋の平和と秩序を維持する機能を発揮する力〟になってきていると感じている。

一方、九州南西海域工作船事件の後、九州各県知事

の会合である九州知事会において、今回の事件に関連した要望を取りまとめたと聞いている。その内容全ては承知していないが、その一部に「各県民の安全のため、事件概要の早期通報」が有ったそうである。この点について考えて見れば、まさに県民(地域住民)個人は間接的被害者ではあるが、直接的被害者は九州という地域であり、ひいては〝被害者は国〟であることを物語っており、ポリスシーパワーの本質は「国の安全」を海上警察力をもって守ることであることをこの要望は示している。

◆コラム　ポリスシーパワーに対する国民の意見

九州南西海域における工作船事件に関する海上保安庁の一連の対応に対して、日本国民がどのような感想を持ち、ポリスシーパワーという言葉を知らないまでも、何らかの海上でのパワーの存在およびその必要性等を感じ始めているかを示すため、当時のメールの一部を紹介したい。

○日本の領海を平素から守っていただきありがとうございます。先般の能登半島沖の不審船の対応については、日本国民として大変歯がゆい思いをしました。今回の奄美大島沖の対応は、主権国家として当然のことと思います。

○国民の一人として、大変制約のある厳しい条件での任務に、命がけで日夜頑張って下さっておられる皆様方のお陰でこうして安心して暮らしてゆけることを、再認識し誠に有り難く思い感謝致します。

○海上保安庁の存在と機能を国の内外に示すばかりでなく、治安の維持に命を張り、国益を守っているという情熱がマスコミ報道を通じてでも伝わって来ました。

○報道を見まして、なぜ射撃をしたのか、なぜ、そこのまで船を追ったのかなどと書いてありましたが、その答えはただ一つ、国の安全、海の安全、国民の安全、たどりつくところは、すべてそこに繋がっていると思います。撃つことの指示を出された方の思いも、すべてはそのことだけだったと、私は思いました。法律、社会、時代などいろいろな問題の中でむずかしいことは沢山ありますね。

○海上保安庁が平和裏に解決するために再三にわたって警告する努力を続けたことを正々堂々と主張し、日本の周辺海域を警備する断固たる姿勢を見せて下さい。今回の件、今後の警備方針について毅然とした態度で断固たる姿勢を見せてくれれば、国民の多くは海上保安庁の任務の大変さに気づき、また支持をすると思います。

○日本国民を本当に守ってくださっているのが、あなたたちであることを今回ほど、痛感したことはありません。それに比べ、〝相手の人間めがけて撃ったのか〟とか、〝漂流者をなぜもっと助けなかったのか〟とか、保安庁の皆様が敵に殺されようとしたことも忘れて、まるで敵の肩を持つかのようなマスコミの失礼な態度には、激しい憎しみを感じます。

○いままでの日本の違法外国船への対応は甘かったと思います。日本は海に囲まれており、悪意をもった人間や違法な物品が入りにくい環境にありますが、最近では中国からの密入国やその他の国から麻薬・覚醒剤の密輸が増加傾向です。これらを水際で阻止するためにも海上保安庁の責任は重大です。毅然とした態度で対処してください。また今回のように海上自衛隊との連係プレーも重要かと思いますので、今後とも連絡を密にして頑張って下さい。

○海自と米国海軍との通信業務は何ら支障も無く融通無碍であるにもかかわらず、海自と海上保安庁との通信は支障が多いとは何事なるや！　自衛隊、警察、消防、海上保安庁間の指揮命令権を明確に致す事。喫緊の用務なり。

○主権侵害といえ、不審船をねらって実弾射撃は良くない。単装機銃でも死人が出るかも知れない。そうなったら戦争になる可能性だって零じゃない。三年前は、悔しくても威嚇射撃にとどめたじゃないか。さすが隠忍自重の保安庁と思ったのに。

○何時から、人を助けるためでなく、人をわざわざ殺す海上保安庁に変わったのですか。

○海上保安庁は、参戦権をいつから持ったのか。今回の銃撃戦は日本国民を戦争への道に導くものだ。今回の行動は「正当防衛」などではなく「宣戦布告」と言われてもしかたのない行為だ。責任者は、国民に対して責任をとって、辞職を強く求める。

○今回も大掛かりな追跡の割には、犯人は捕まえられないし証拠は沈めてしまうし怪我人は出すし、どうかと思う。組織も装備もやり方も変えたほうが良いのではないでしょうか。安全で確実に低コストで仕事する方法を本気で考えて欲しい。

○今回九州南西海域での北朝鮮からのスパイ船に関して、適切な対応を下さり、誠にありがとうございました。また、一〇〇発以上の被弾をされ、二名の方が負傷されたことを、お見舞い申し上げます。聞くところでは、北朝鮮は既に開戦は必至と見て、三八度線に大量の兵員を張り付けているそうです。国際情勢が益々緊迫の度合いを高めているにもかかわらず、日本国民、韓国国民とも、北朝鮮が覚悟しているような緊張感も、緊迫感もなく、海上保安庁の皆様がお持ちの使命感を理解しない人士も中にはいるかもしれません。どうか国益をそぎ、北朝鮮に少しでも有利な発言をするような人士の発言には耳を傾けないようにしていただきたいと存じます。

ありがたいことは小泉総理をはじめ政府中枢が毅然とした態度を表明している事です。どうか、皆様には国民の強い支持があることに自信をお持ちになり、今後も職務を遂行していただくことをお願い申しあげます。これから、本格的な捜査、不審船の引き上げなどが行われると思いますが、今後も国益を守るため、断固とした姿勢をとり続けていただきますよう、よろしくお願い申しあげます。

また、海上自衛隊との連携をうまくとっていただく事が肝要です。このことは、政府中枢に最もお願いすべき事でありますが、海上の現場においても、今後惹起する事態を想定すれば、海上保安庁と海上自衛隊の現場での友情と連携が、最も重要であると思うからです。

4 新しい安全保障と海上保安庁

日本国憲法

〔憲法の最高法規性、条約・国際法規の遵守〕

第九十八条

一　この憲法は、国の最高法規であつて、その条規に反する法律、命令、詔勅及び国務に関するその他の行為の全部又は一部は、その効力を有しない。

二　日本国が締結した条約及び確立された国際法規は、これを誠実に遵守することを必要とする。

1　海は「国際法」が支配している

日本周辺海域における国際的情勢は、さまざまな動きを見せており、「海は国際法が支配している」「海洋問題は国際政治問題である」「海洋政策は国家戦略である」といった現実を、今ほど私たちに意識させている時期はないのではないかと感じる。

四面を海に囲まれた日本の海洋での問題は、陸上における問題とは、多少視点が異なってくる。海上での事件・事故は単なる国内社会問題というだけではなく、国際政治問題および国際経済問題が背景にあったり、逆にそれに影響を与えるなど関連性が強い。二〇〇七(平成一九)年、読売新聞に掲載された「漂流する海洋日本」という記事は同社の社会部ではなく、政治部が取材し、取りまとめられたものであり、海洋問題の国際政治性を端的に示している。

さらに、海は世界の港とつながっており、基本的に船舶による移動は自由である。したがって安全に移動するためには統一されたルールが必要となる。例えば、陸上の交通安全ルールであれば、ある国は「人は左、車は右」でも全く構わない。なぜなら、その国の領土内では、それが限定された地域での統一ルールだからである。

しかし、海は全世界にオープンされた国際社会のため、各々の国のルールで勝手気ままに移動していたら、重大な事故につながる。そこで、国際ルールでは〝船は右側通航〟(相手船の右側を通航。すなわち、相手船を左側に見て通航すること)と決まっている。

このように、海のルールの大部分は国際条約や国際取決めをベースにしており、その国際ルールを各国が自分の国の法律として成文化しているに過ぎないのである。

このような環境の中で船舶や物・人は頻繁に移動しており、国際ルールに従って活動しなければ問題が起こり、その問題は、すぐに国際問題化する可能性がある。また、日本は小資源国かつ貿易立国なので、国家戦略の基本に海洋政策が必要なのである。

2　新しい安全保障に対応する海上保安庁

安全保障問題の変質

安全保障と言うと多く人々は、日・米安全保障条約のように、国家が主体となり外交力、軍事力により国家間の関係を解決する国際関係論議であると考えがちである。しかし、最近は、オゾンホール問題、CO_2による地球温暖化問題、エネルギー・食糧問題、情報通信・運輸・金融等のグローバル化による危機の急速な拡大、さらにはSARS（重症急性呼吸器症候群）のような特殊な伝染病による脅威、国際テロ・海賊問題など、一国家一地域に限定されないグローバルな問題であるとともに、私たちの身近で発生する危険性を含んでいる。これらは国際的安全保障問題として位置づけられ、国際的対応が求められている。

これらの新しい危機への対応、すなわち新しい安全保障問題が課題となっているが、この課題は従来

ナホトカ号油流出事故により流出した油を回収する海上保安官

のように領土を占領したり、軍隊を撃破するといった力によってもたらされるものではないが、国家やその地域の安全、安心な生活環境、住民の生活基盤となっている政治的、経済的、社会的な構造を直接的に脅かす問題である。海上保安庁もこれらの課題に対応していくことが求められている。

危機管理官庁としての海上保安庁

海上保安庁という組織は、基本的にはセイフティー（海洋環境保全を含む）および、セキュリティー官庁であり、地域経済（地域開発）および地域振興等に直接関係している官庁ではない。しかし、地域における海上での安全、治安に問題が発生したり、海洋環境が悪化すれば、すぐに地域経済、住民生活に影響が出てくる。例えば、一九九七（平成九）年一月、日本海で起きたナホトカ号油流出事故により若狭湾を中心とした日本海沿岸の経済活動は多大な被害を受け、また、二〇〇一（平成一三）年九月の米国同時多発テロ事件では、沖縄の観光産業は大きな痛手を受けた。

海上保安庁の任務は、このような状況になることを日常的な海上保安活動によって阻止することで、もし問題が発生してしまった場合でも、迅速に事態の極小化を図り原状回復することである。地域社会が海上保安庁に期待しているのは、地域社会、住民生活に安全・安心を与え、地域の社会生活基盤を支えることではないかと思う。

社会資本設備および海洋観光振興に関するセイフティー、セキュリティー問題や海洋環境保全問題についても、日常的に関心を持ち、日本周辺海域の状況把握に務めている海上保安庁であるが、米国同時多発テロ事件以降、特に原子力発電施設、港湾施設に対するセキュリティー問題は、海上テロ防止という観点から重大な関心を持っている。さらには、電力の安定供給、物流の安全確保等の面からもテロ対策は、重要な要素となってきている。

海上保安庁は、このように社会資本設備および地域の観光振興等についても、セイフティー問題、セキュリティー問題として関心を持っており、地域社会、生活基盤を支える海上保安行政を展開している。

3　海上保安庁の新たなる役割

こういった状況の中、立教大学法学部の五十嵐暁朗教授が国土交通省広報誌『国土交通』(二〇〇六年四月号)に「新しい安全保障の課題と海上保安庁に対する期待」と題して、現在海上保安庁が何を見極めて、どのような行政を国民のためにしようとしているのか、今後何を目指して活動をしていけば良いのかを、非常に示唆に富んだ記事で綴っている。少し長い引用になるが、以下に転載させていただく。

近年、グローバリゼーションの進展や情報通信技術（ＩＴ）の急速な発展によって、人、物、金、情報などが国境を越え自由に移動できるようになりました。それに伴い、国や地域間による経済格差などを背景に、国際犯罪組織が暗躍し、国内の治安悪化の一つの要因になっている…（中略）…根本的原因がグローバリゼーションであり、さらにグローバリゼーションが生み出した世界における経済格差が重要な背景であることも（海上保安庁は）指摘されている。

このような客観的な認識は、海上保安庁が日々、その業務に取り組む中で、課題が持っている性格や、その背景にある今日の日常的な世界の構造について分析し、認識を深めているからであろう…（中略）…。新しい危機が今日の私たちの日常生活から生まれてくるがゆえに、それらが生まれてくる構造に目を凝らさなければならないであろう。さらに、軍部は戦闘によって対象を破壊、除去することを目的とするのに対して、日常生活から生じる危機は日常生活を破壊することはなく解決をめざさなければならないがゆえである。実際に、海上保安庁が担当している業務は、海難救助から薬物の密輸や密入国の取締り、海賊・テロ対策、そして海洋の環境保全など、グローバリゼーションの影響の下で、日常生活から生じる危機や日常生活に侵入しようとする危機の防止を目的としている。また、その手段は基本的には軍事力ではなく警察力の行使によるものであるがゆえに、軍事的な衝突に発展する可能性を最小限に抑えることができることにも注目すべきであろう。もし、軍部であれば、そのようなことは難しく、海上保安庁はいわば弾力性のある、協調の可能性を前提とする紛争解決の機関であるといえる。また、海上保安庁が相互依存が進んだ時代の安全保障における課題の担い手にふさわしいともいえる。

と述べている。

一方、海上保安庁の国際戦略は、一九九九(平成一一)年マラッカ・シンガポール海域で発生した「ALONDRA RAINBOW号」号シージャック事件を契機に翌二〇〇〇(平成一二)年四月東京で開催された「海賊対策国際会議」以降、大きく展開しはじめ、これまでに北太平洋地域の海上保安機関の長官級会合、東南アジア各国海上保安機関の長官級会合等が開催されるようになった。多国間地域の連携・協力関係は、その後他の地域にも広がりを見せ、北大西洋では米国の提唱によってカナダ、ノルウェー、フランス、英国、スペイン、ドイツ、ロシアなど一六カ国による北大西洋海上保安機関の長官級会合開催されはじめており、さらには、オーストラリア、ニュージーランド等による南太平洋海上保安機関の長官級会合を創設する動きがある。これらの動きは、二〇〇〇年一二月に日本の海

第１回北西太平洋地域海上警備機関長官級会合(東京)

上保安庁が提唱し、東京で開催された北太平洋海上保安機関の長官級会合がモデルとなっており、ポリスシーパワーが平時において国際的かつ有効に機能するシーパワーとして、着実に国際社会で認識されてきている証と思われる。

4 外交力としてのポリスシーパワー

二〇〇六(平成一八)年四月、韓国は、日韓両国が排他的経済水域と主張する竹島周辺の海底地形に、自国に由来する名称をつけるよう国際会議に提案する動きをみせた。これに抗議するため、海上保安庁は法律に基づく行政行為として、同庁測量船で竹島周辺海域を含めた日本海西部海域における海底地形調査を実施することとした。これに対して韓国は自国の海洋警察庁の警備船は元より、その背後に竹島防衛作戦さながらの自国海軍艦艇を出動させる状況にまでエスカレートした。

海上保安庁は法律に基づく行政権の行使としての海洋調査を実施しようとしたにもかかわらず、韓国政府が自国海軍まで出動させていたのは、国際的常識として、いささか常軌を逸する行動と言わざるをえないが、日本・韓国両国間の歴史認識問題の根深さを痛感させられる事態であった。

その後、日本外務省と韓国外交通商部の事務方トップ同士の外交交渉がソウルで開催され、韓国側は国際会議での韓国名称提案を取り止め、日本も海洋調査を中止することで一応の結着が付く形になった。

この時に見せた海上保安庁のポリスシーパワーは、平時とはいえ韓国にとって今までに日本が見せた

竹　島

ことのないパワーであり、大いにプレッシャーを受けるパワーであったと思われる。

「外交交渉は大きな棍棒をもって、穏やかに相手と交渉せよ」という言葉があるが、適切な実質的パワーが無ければ交渉は迫力を欠く。ＯＤＡ等の経済的パワー（あからさまに言えば、ジャパンマネー）だけでは限界がある。かと言って、このような場合、韓国のように海軍力（ミリタリーシーパワー）を投入することは、国際的にも、国内的にも大きな障害や抵抗があるのが現状で、日本の海上自衛力（ミリタリーシーパワー）は外交力としては使いづらい。その点ポリスシーパワーである海上保安庁の警察力は、平時における行政権の行使であり、外交交渉のパワーの一つになる得るものである。決して大きな棍棒とは言えないが、腰の強い竹の棒になりえる。

5　国際的実務者チャネルの必要性

情報通信・運輸・金融等のグローバル化によって起こる危機の急速な拡大が、新たな安全保障問題に発展する場合がある。これに対応するためには、その事態の情報を迅速、かつ正確に把握する必要がある。しかも、それらの情報は、かなり専門分野の知識が必要になってくるもので、相手国とのやり取りの中で誤解が生じないようにしなければ、さらに危機が拡大する恐れも出てくる。

要するに、スピードと正確な情報交換が求められる連絡システムが必要ということである。二国間、多国間の交渉において、通常外交チャンネルは一つであり、その外交ルートによる交渉が正式のものであるのは当然であるが、新しい安全保障問題の対応には、通常の外交チャンネル以外にも、実務者チャンネルが有効なホットラインになり得るのではないかと考えている。その点についても海上保安庁は同庁の国際戦略の中にこのことを組み入れ、二国間、多国間会議を毎年開催または参加し、実務者チャンネルを構築し続けているように見える。

今後も海上保安庁の国際的活動およびその役割について、大いに期待するとともに、今以上の進化を続けてもらいたいと考えている。

◆検証　海上保安庁の国際的業務の動き

戦略的かつ重点的に「国際業務」を推進する決意表明

海上保安庁が所掌する広大な海域では、「2　今、海洋東アジアで何が起こっているか」で紹介したように沿岸諸国の海洋権益をめぐる思惑が衝突・対立する情勢にある。そして、今後も、これらの海域で発生して日本へ大きな影響を及ぼす国際事案が減少することは考えられない。

二〇〇一年の海上保安レポートには、「海上保安庁の国際戦略」と題する特集記事が二一頁にわたって取り上げられ、「国際業務」に取り組む海上保安庁の決意が述べられている。

……（前略）海上保安業務の国際的な取り組みは、長い歴史を持っています。例えば、捜索救難活動における国際協力や航路標識における国際的な規格の統一はその良い例です。このことは、船舶が世界中を航行することや日本が海を通じて近隣諸国と接していることなどを考えれば当然のことでしょう。

しかしながら、この「国際化」には、人・モノ・金・情報の国境を越えた動き、国と国との間の利害関係などさまざまな場面があり、その一面で国際犯罪の劇的増加を伴ってきたことにも目を向けなければなりません。それは、密航、薬物・銃器の密輸、海賊行為の勃発など多様な形態で現れています。

このため、海上保安庁は、これまでの国際的な取り組みを大胆に見直し、これまで以上に戦略的かつ重点的に国際的な業務展開を推進していくべきとの方向性を打ち出しました。特に、地域全体として取り組まなければ実効を期待しにくい事案が増加していることから、これまで培ってきた二国間での取組み（連携・協力関係）を一層深めながら、多国間の取組み（連携・協力関係の構築）も進めていかなければなりません。……（後略）

として、「国際事案への対応」に万全を期すため、これまで以上に関係国との「国際連携・協力」の構築に向けて、大きく前進することを宣言した。

「国際連携・協力」の具体的な動き

海上保安庁は、「国際連携・協力」戦略の第一歩して、一九九九年一一月、ＡＳＥＡＮ＋１サミットにおける小渕首相（当時）の提唱に基づき、海に関する諸問題に多国間で取り組むため、二〇〇〇年四月、東アジア域内の一五の国および地域が一堂に会し、初めての「海賊対策国際会議（海上警備機関責任者会合）」を東京で開催した。

さらに、国際的な動きを加速させ、北太平洋地区の長官級会合の開催を呼びかけ、同年一二月、東京にて「北太平洋地域海上警備機関長官級会合」を開催した。

マラッカ海峡での「ALONDRA RAINBOW号」ハイジャック事件を契機として二〇〇〇年から始ま

る海上保安庁の「国際連携・協力」戦略は、多国間による連携・協力など、毎年、国際的な動向に応じて見直しを行い、発展させている。

◆アジア海上保安機関・長官級会合(海賊対策国際会議)

二〇〇〇年四月、東京において、効果的な海賊対策のためには、アジア関係国の連携・協力が不可欠であるとの判断から、一五の国と地域が参加する「海賊対策国際会議」が開催された。

同会議では、情報交換、相互連携協力、技術協力および専門家会合の開催を内容とした「アジア海賊対策チャレンジ2000」(AAPC2000)が提唱され、参加国等に採択された初の「海賊対策会議」であった。

AAPC2000に基づいて、海上保安庁では、同年一一月にインド、マレーシアに巡視船を派遣し、寄港国の海上保安機関と最初の連携訓練を実施し、以後、巡視船の相互訪問、連携訓練、専門家会合の開催、海上犯罪取締り研修の開催等を継続するなど、東南アジア各国との海賊対策に係る取組みを強力に推進している。

二〇〇一年には、次のような具体的な連携・協力の動きが始まった。

- ASEAN五カ国から五名の留学生を、初めて海上保安大学校に受け入れた。

四月、海賊対策等で東南アジアの海上保安機関との連携を強化する一環として、広島県呉市にある海上保安大学校にタイ、インドネシア、ベトナム、フィリピン、およびマレーシアから各一名、計五名の留学生を初めて受け入れた。

•東南アジア各国の海上犯罪取締り能力向上のための支援を開始
四月から、海上犯罪取締りのための研修・セミナーの実施、巡視船での乗船研修、長期・短期専門家の派遣等を通じて東南アジア各国の海上犯罪取締り能力向上のための支援を開始した。

二〇〇四年、名称を「アジア海上保安機関長官級会合」と変更して、第一回目の会合を、東京においてアジア一六カ国一地域の海上保安機関の長官級が参集して開催。この会合では、従来の海賊に加え、新たに海上テロ対策分野においても連携を強化していく「アジア海上セキュリティ・イニシアティブ2004」（AMARSECTIVE2004）が採択された。以降、

・第二回　二〇〇五年三月　マレーシア・プトラジャヤ
・第三回　二〇〇七年一〇月　シンガポール
・第四回　二〇〇八年一〇月　フィリピン・マニラ

と順次開催され、第四回会合には、日本の他、中国、韓国、香港、インド、スリランカ、バングラデッシュ、ASEAN一〇カ国、計一七の国・地域が参加した。

これまでの会合を通じた主な成果として、二〇〇六年、アジア地域における海賊に関する情報共有体制と協力網の構築を目的とした「アジア海賊対策地域協力協定（ReCAAP）」が発効し、シンガポールに情報共有センター（ISC）が設立された。

これまで、各機関の長官との間で、アジア各国の海上保安機関の能力向上を目的とキャパシティビルディングについての意見交換を行った結果、二〇〇八年実務者会合でのキャパシティビルディングに関する検討の方向性を承認するとともに、さらなる検討を継続することで各国の意見が一致し、共同宣言

を採択した。

◆北太平洋海上保安フォーラム（北西太平洋地域海上機関 長官級会合）

前述の「海賊対策国際会議」に続いて、二〇〇〇年一二月には、北太平洋地域の海上の秩序・治安の確保のため、海上保安庁の呼びかけにより、米国、ロシア、韓国の海上保安機関の長官級が一堂に東京で会合した。

二〇〇一年七月には、密航・密輸等の国境を越える犯罪に対応するためには、他国間で地域レベルの国際犯罪等に対する協力関係を構築・発展させていくことが肝要であるとの認識に基づき、沿岸警備隊（米国、カナダ）、連邦保安庁国境警備局（ロシア）、公安部辺防管理局（中国）、海洋警察庁（韓国）に、海上保安庁を入れた六カ国の海上保安機関の長官級会合を東京で開催した。

最初の名称は、「北西太平洋地域海上機関長官級会合」であったが、その後、「北太平洋海上保安フォーラム」に変更された。

第一回以後、参加各国が持ち回りにより、専門家レベル、長官級レベルの会合を年一回開催している。

◆海上保安の輪が大西洋へ、そして南太平洋へ

海上保安庁が主導してきた「北太平洋海上保安フォーラム」は、太平洋から大西洋へ大きな変革をもたらし、さらに拡大し、海上保安の輪が広がることになる。これが「北大西洋海上保安フォーラム」である。

二〇〇七年、米国コーストガードが、北太平洋海上保安フォーラムをモデルとして、北大西洋各国の海上保安機関に呼びかけ、米国、カナダ、ロシア、英国、スウェーデン、ポーランド、ノルウェー、オランダ、リトアニア、ラトビア、アイルランド、アイスランド、ドイツ、フランス、フィンランド、デンマーク、ベルギーの一八カ国が参加する北大西洋海上保安フォーラムが同年一〇月スウェーデン・ストックホルムで長官級・参謀長級混在した形で開催され、二〇〇八年九月にはデンマーク・グリーンランドにて長官級会合として開催された。

一方、南太平洋統一コーストガード構想も浮上している。

二〇〇八年一一月、ミクロネシア三国(マーシャル諸島共和国、ミクロネシア連邦、パラオ共和国)の大統領は一一月一九、二〇の両日、ミクロネシア連邦の首都ポナペで首脳会議を開き三国共同のコーストガード設立に向けた共同宣言を採択、笹川平和財団と日本財団に支援を要請した。

日本財団など民間団体では、具体的な支援策を協議しており、ミクロネシア三国、米コーストガード、豪海軍、日本の海上保安庁関係者などを含めた「ミクロネシア三国海上保安庁設立支援委員会」を立ち上げた。通信施設、訓練施設の整備などハード面のほか人材育成が柱となる。

特に人材育成では海上保安大学校(呉市)に協力を求め、それぞれの国の幹部職員を育成するほか、現地に訓練施設を新設、日本から指導員を派遣して即戦力を養成し、米国や豪州に全面依存する海上保安業務の一角をミクロネシア三国が自前で担える態勢の確立を目指している。

このように、海上保安庁の提唱により開催された二〇〇〇年四月の「海賊対策会議」、同年一二月の「北西太平洋地域海上機関・長官級会合」の枠組みと機能が、二〇〇七年以降、北大西洋地域に、そして南太平洋地域にまで広がりつつある。これは、海上保安庁の業務遂行、所謂ポリスシーパワーが、平時において有効に機能するシーパワーとして、着実に国際社会で評価されていることを物語っている証でもあろう。

◆多国間訓練

(1)「核拡散に対する安全保障構想(PSI)」の初の海上阻止訓練に参加

「核拡散に対する安全保障構想」は、国際社会の平和と安定に対する脅威である大量破壊兵器、その運搬手段および関連物資がテロリスト等に拡散するのを阻止するため、二〇〇三年五月、米国の提唱により始められた新たな国際的取組み。

このPSI初の阻止訓練として、九月、豪州沖で実施された海上阻止訓練「Pacific Protector '03」に、海上保安庁から巡視船「しきしま」や特殊部隊等が参加し、PSI参加国のオブザーバーや多数の報道関係者が見守る中、米国、豪州、仏の関係勢力と連携して、容疑船に対する強制的な停船措置、船内捜索等を実施した。

(2)「北太平洋海上保安フォーラム」に基づく初の多国間訓練への参加

二〇〇六年六月、実働的な協力・連携の一環として、初の多国間・多目的訓練を韓国で実施した。この訓練は、二〇〇五年、第六回北太平洋海上保安フォーラムで合意された「机上から海へ」のコンセプトのもと、関係機関相互の協力関係を現場レベルで促進するものとして初めての試みであった。各国の巡視船同士が協力・調整を実践することで、密航・密輸および海難救助に対する各国個別の対処手法を

拡散に対する安全保障構想における海上阻止訓練

目前で確認し、また技術的な情報交換を通じて、より一層の連携・協力関係の構築を図った。

参加機関は、海上保安庁の他、韓国海洋警察庁、米国沿岸警備隊、ロシア国境警備局、中国公安部・交通部。

◆二国間連携・協力による海上の治安確保等の推進

●日露間（国境警備局、海洋汚染・海難救助調整庁）

1　経緯

（1）ロシア境警備局とは、二〇〇二年抑留漁船員引取りの際、国後島の国境警備隊と根室海上保安部が初めて洋上会談を実施したことから交流が始まる。

二〇〇〇年、プーチン大統領訪日にあわせトッキー国境警備庁長官が同行した機会をとらえ、海上保安庁長官との間で、協力文書が締結され、以後定期的な長官級会合、専門家会合を開催することとなった。

（2）海洋汚染・海難救助調整庁とは、旧ソ連時代の一九八九年、モスクワにおいて、円滑な捜索救助活動

日露合同油防除総合訓練

を行なうため、ソ連海軍海難救助調整庁等と海上保安実務者会議が初めて開催されて以来、協力関係が継続している。

一九九八年、エリツィン大統領訪日の成果文書として、日露間の捜索救助に関する覚書を締結。翌一九九九年同覚書に基づき日露海難救助実務者会合を開催した。

一九九八年、ロシア国内の行政組織改正により油防除等が加えられ、現行の海洋汚染・海難救助調整庁となった。油防除に関しては、二〇〇〇年、両国首脳によりサハリンプロジェクトに関連する油流出事故の危険性を念頭において一層の協力関係の強化を目的として、「油防除の協力に関する日露共同発表」が行なわれた。翌二〇〇一年には、北海道紋別沖において日露合同流出油防除訓練を実施した。

2　これまでの交流・連携・成果

(1) 洋上会談

根室海上保安部と国後島国境警備隊、稚内海上保安部とサハリン国境警備隊が定期的に洋上会談

(2) 長官級会合・専門家会合を定期的に開催

（3） 船艇相互訪問および日露合同訓練

二〇〇〇年ロシア国境警備庁警備艇が海上保安庁観閲式に初参加し、二〇〇一年八月には、ウラジオストックで第一回目の日露合同訓練を開催し、日本からPLH型巡視船等二隻が参加した。ロシア側からは、より実践的な訓練を行ないたいとの申し入れがあり、近年では、年一回交互に船艇を派遣し、合同訓練を行なっている。また油防除訓練も定期的に実施している。

（4） サハリン・プロジェクト・シンポジウムおよび日露防除専門家会合の開催

二〇〇五年札幌で開催。シンポジウムでは、ロシアから海洋汚染・海難救助調整庁長官をはじめとするサハリンプロジェクト関係者が来日、日本側も北海道知事等が出席し、今後の同プロジェクトの進展等について協議を行なった。また、専門家会合においては、流出油事故発生時の日露間の共同措置について協議した。

●日中間（公安部辺防管理局、交通部海事局、国土資源部国家海洋局）

1 経緯

（1） 公安部辺防管理局とは、一九九三年、東京で日中当局間協議が開催された。これは、一九九一年から東シナ海で日本漁船が不審な船舶から銃撃される事件が続発したためで、密輸船を取り締まる中国公船が誤って発射したものと判明した。

一九九六年中国人密航事件が多発したことを受け、翌年、密航に関する日中海上取締り機関協議が開催された。以後も協議を重ね、二〇〇一年、日中海上取締り機関長官級会合を開催するとともに協力文書「海上犯罪の防止及び取締りに関する討議の記録」を締結した。協力文書は、①薬物・銃器の不正取引、密航および海賊の問題につき協力を行うこと、②協力分野に関する情報の交換を適時適切に行うための連絡窓口を設定すること、③定期的に事務レベル協議を開催すること、④必要に応じ、専門家の相互訪問を実施することが明記されている。

（2）交通部海事局とは、一九八三年、SAR条約批准の調査のため、海上保安庁職員が訪中していた際、巡視船の訪問について打診されたことを契機に、同年巡視船二隻が親善訪問を実施。一九八五年には中国から巡視船の訪問を受ける。以後、捜索救助等、海上における安全確保を担うカウンターパートとして、交流・協力関係の促進を図っている。

（3）国土資源部国家海洋局とは、二〇〇七年七月、東京において、外務省を交えて話し合いが行なわれた。この話し合いは、東シナ海における不測の事態に備えた連絡メカニズムについて、政府全体の連絡体制を充実させる第一歩として行なわれたもので、今後も海上保安庁と海洋局との間で話し合いを行なっていくこととなった。国家海洋局は、一九六四年発足当時は国務院直属、現在は国土資源部所属。所掌事務は海洋法関連の立法、海洋政策の策定などで、「海監」と呼称される艦艇部隊を法令執行面で指揮監督をしている。

2　これまでの交流・連携

①中国公安部との間の長官級会議

二〇〇〇年四月、中国北京で「中国公安部および交通部との長官級政策対話」を開催。続いて二〇〇一年、東京で開催し、その後、相互に開催。二〇〇八年一月、第四回の会議が北京で開催されている。

二〇〇八年一月「第四回日中海上保安機関　長官級会議」を開催（中国北京）。
②船艇相互訪問および交流
一九八三年　海上保安庁巡視船二隻が上海、天津訪問
一九八五年　中国側港務監督船一隻が東京、神戸、広島を訪問
二〇〇四年　海上保安庁の観閲式に中国海事局「海巡21」が参加
二〇〇五年　中国海事局の観閲式・SAR訓練（上海）に巡視船「さつま」が参加
③公安局から一名留学生受け入れ

3　これまでの成果
辺防管理局からの情報提供により、二〇〇一年には、大量密航に関する密航者九一人とほう助一二人を逮捕、二〇〇二年には、覚せい剤一五一キロの発見押収と乗組員の逮捕など、両機関の連携協力が実際の海上犯罪取締りに結びついている。

●日韓間（海洋警察庁、海洋水産部）

1　経緯
（1）海洋警察庁とは、一九九八年SAR実務者会合で、韓国海洋警察庁から長官級協議の打診があり、一九九九年、韓国で第一回長官級協議を実施するとともに、以下の協力文書を作成し署名した。

日韓海上保安当局長官級協議（第７回）

①密輸、密航分野などで情報交換等協力関係の強化
②情報交換のための窓口設定
③合同訓練の検討
④長官級協議の継続化

以後、長官級会議を定期的に開催するとともに、薬物・銃器密輸等に関する協力、海洋汚染にかかる監視体制の強化等について課長レベル会合も定期的に開催している。

（２）海洋水産部とは、水路業務において部長級会議を過去十数回実施しており、航路標識分野では、二〇〇一年から実務者会合を開催するとともに航路標識測定船による相互訪問を実施している。

2　これまでの交流・連携

①海洋警察庁との長官級協議

一九九九年以降、毎年協議を行なっており、二〇〇七年韓国・釜山で長官級協議を実施した。

②各種合同訓練等

救難・防災分野に限らず、サッカーワールドカップ対策、海上テロ対策訓練等を不定期ながら実施している。

③二〇〇七年、韓国内油流出事故に対する国際緊急援助隊・専門家チームを派遣

3　これまでの成果

二〇〇二年五月、日韓共同開催サッカーワールドカップが安全に運営されるよう、巡視船二隻を韓国釜山に派遣し、日韓海上警備合同訓練を初めて実施した。

過去には、韓国からの情報に基づき密航者を検挙する事例があった。近年は、日本国内からロシアマフィアの情報提供を行い、韓国側が犯罪行為を検挙する等の実績がある。

●日印間(インド沿岸警備隊)

1　経緯

インド沿岸警備隊とは、一九九九年に発生した「ALONDRA RAINBOW号事件」を契機に両機関の関係作りが始まり、長官級会合、ＪＩＣＡによる海上犯罪取締研修へのインド沿岸警備隊職員の受け入れ、巡視船の相互訪問・連携訓練の実施などの交流が行われてきた。

インド沿岸警備隊は、マラッカ・シンガポール海峡以西の安全確保やアジア地域全体の海上の秩序維持にとって重要な戦略的パートナーであり、二〇〇五年四月の日印首脳会談の際に作成された「日印グローバル・パートナーシップ」においても当局間の協力が高く評価されている。また、同年一一月、イ

インド沿岸警備隊との合同訓練

ンド沿岸警備隊長官が訪日し、海上保安庁長官との会合を行い、

①「アジア海賊対策チャレンジ2000」および「アジア海上セキュリティ・イニシアチブ2004」の枠組みに基づき、引き続き海賊対策での協力関係を維持すること

②海上捜索・救助において連携協力関係を強化すること

③海洋環境保全問題において連携協力関係を強化すること

を確認した。

2　これまでの交流・連携

①二〇〇〇年一一月、インド・チェンナイにて第一回の連携訓練を実施。ニューデリーにて長官級会談を実施した。

②二〇〇一年インド沿岸警備艦一隻が海上保安庁観閲式に参加。二〇〇二年海上保安庁巡視船一隻がインド・チェンナイ訪問、連携訓練を実施。この後も毎年相互訪問を実施している。

③二〇〇七年五月観閲式にインド沿岸警備隊艦艇一隻が参加し、東京で長官級会談を実施

◆東南アジアにおける海上保安機関設立等への支援

東南アジアにおける海上保安機関設立等への支援は、海上保安庁の国際協調・連携業務の大きな柱の一つである。支援対象は、日本のシーレーンに関係の深いフィリピン、マレーシア、インドネシアのＡＳＥＡＮ国家であり、これらの国では、既に海上保安機関等が設置、あるいは設立準備中である。支援内容は、制度、技術面で先行している海上保安庁が、海上法令の励行を中心とする職員の能力向上を図るため、初動捜査や立入り検査、逮捕術の技術移転などさまざまな形で協力している。

日本のＯＤＡ援助は、ある意味では、被援助国への「ハコモノ」援助になりやすいが、海上保安庁のこのような協力は、制度、人材育成等へのソフト面での援助で、人的交流をベースとし、被援助国と援助国との信頼関係につながり、日本の支援の方向性を示唆していると思われる。

●フィリピン（フィリピン沿岸警備隊）

フィリピン沿岸警備隊（フィリピンコーストガード、ＰＣＧ）は、一九九八年海軍から運輸通信省に移管されたものの、業務執行能力を十分有していなかったため、海上保安庁としては、ＪＩＣＡによる「フィリピン海上保安人材育成プロジェクト」に協力することとし、二〇〇二年七月海上保安官等（ＯＢを含む）四名を長期専門家としてフィリピンに派遣した。

この前期プロジェクトは、二〇〇七年六月末まで継続され、長期専門家が、海難救助、海洋環境保全、航行安全、海上法令執行の四分野で教育訓練やセミナーを実施し、基礎教育の拡充、専任教官制度の創設等を行った。海上法令執行等の分野の継続的な教育訓練内容の拡充が指摘された。

その後の評価で、専任教官制度については、さらに教育訓練戦略の開発が必要と指摘された。このため、引き続き、後期プロジェクトを実施し、教育システムを強化し、船上訓練・海上警備を重視したカリキュラムの策定支援等、前期プロジェクトを補完することをフィリピン政府から要請された。

二〇〇八年一月、後期プロジェクトが開始され、海上保安庁等から四名を派遣した。このプロジェクトは、「教官制度」「教育システム」「海上法令執行」「船艇運航」の四分野についての技術協力を五年間に渡り実施するものでフィリピンコーストガードの業務遂行能力を向上させ、教育、訓練システムのさらなる強化を目的とし、海上保安庁が全面的に支援する。

●マレーシア（マレーシア海上法令執行庁）

一九九〇年代、マレーシア政府内で海上の法令執行機関の設立が検討され始め、米国の沿岸警備隊型か、日本の海上保安庁型か協議されたが、最終的に日本型を創設することを決定、二〇〇五年、海上警察、海軍、税関、漁業局等にまたがる海上取締り部門を一つにまとめた新たな海上保安機関「マレーシア海上法令執行庁（ＭＭＥＡ）」を創設し、運用を開始した。海上保安庁は、二〇〇五年からＪＩＣＡによる同組織支援として、長期専門家一名を派遣している。

また、ＭＭＥＡへは、日本財団により練習船一隻を寄贈している。この事業の目的は、設立間もないＭＭＥＡ職員の大半が、特定の法令等に関する知識や限定的な業務遂行能力しか有していないため、実践的な教育訓練を行うプラットフォームとしての練習船を寄贈することにより、ＭＭＥＡ職員の知識および能力の底上げを図り、ひいては日本の生命線であるマラッカ・シンガポール海峡の海上治安状況の向上、海賊、テロおよび広域犯罪の抑止、海洋環境の保全等に資するためである。

練習船はＭＡＲＬＩＮと命名され、二〇〇六年一月に進水式、六月、マレーシア・ポートクラン入港、ＭＭＥＡに引き渡された。要目は、総トン数二六八トン、最大速力一七ノット以上、最大搭載人員二九名、武器は搭載していない。

●インドネシア

インドネシアでは、海上治安任務を海軍から独立させ、新たに海上警察を設立したものの、多くの関係機関との所掌事務が整理されておらず、効率的な業務遂行ができないことから、二〇〇六年、インドネシア海事保安調整会議（ＢＡＫＯＲＫＡＭＬＡ）を設立し、新たな海上保安機関を設置するための取組みを行っている。

二〇〇九年に入り、沿岸警備隊（インドネシア・シー・アンド・コースト・ガード：ＩＳＣＧ）設立の動きが加速しているが、現在、これを支援するため、海上保安庁から二名の海上保安官（一名はＯＢ）をＪＩＣＡ専門家として派遣している。その他にも、巡視船・航空機を定期的に派遣し、連携訓練、セミナーを開催して海上保安分野でのキャパシティビルディングに向けて協力している。

二〇〇三年六月、インドネシア大統領から小泉首相（当時）に対し巡視艇供与の要請があり、二〇〇五年五月現地調査の結果、二〇〇六年五月、巡視艇三隻の新規無償供与が閣議決定、二〇〇七年一月造船着工、同年秋、引渡し完了した。

日本政府から引き渡された巡視艇は全長約二七m、速力は三〇ノット。機銃等の殺傷武器は搭載していないが、防弾ガラスなどで装甲が強化されており、事実上、輸出が禁止されている武器に該当する。インドネシアが日本の事前同意なしで第三者に移転しないことを条件にODA無償供与が実現した。

二〇〇七年七月には、インドネシア海事保安調整会議事務総局長を日本に招聘し海上保安庁と協議している。

油防除のための机上訓練について、インドネシア海運局幹部と協議する海上保安官

◆海上保安官の海外長期派遣

二〇〇八年現在、海上保安庁職員の在外公館等(JICA専門家を含む)への出向者は、一四カ国、合計二五名(延べ約二〇〇名超)まで拡大されている。

出向地は、中国、韓国、ロシア、フィリピン、マレーシア、インドネシア、シンガポールの東アジア地域が多く、その他、米国、欧州、中近東の諸国への出向も行われている。

海上保安庁がこれらの国々の在外公館等に職員を出向させている目的のひとつは、国際業務の円滑な推進などを図るためであり、これら職員は、日本と関係国との二国間、あるいは国境を越えて国際協力・連携等をより効果的に進める役割を果している。

海上保安庁が、さまざまな国際業務を対外的に実施するためには、外務省による国際チャンネルだけでなく、海上保安機関同士あるいは、現場同士の実務チャンネルは必要不可欠となっており、この役目も出向した海上保安官が担っている。このほか、長期ではないが、二〇〇八年には、次のような地域で短期の現地調査を実施している。

・「東ティモール」の現地調査（七月）

日本は、東ティモールの国づくりに積極的に支援しており、その一環として同国の海上保安能力向上の支援についてもその実施の可能性を検討している。この現地調査は、同国の海上保安能力向上を支援する最適な方法を考えるため、現地関係機関からの情報収集や現地事情視察を主たる目的として行った。

・「アデン湾」の現地調査（一二月）

アデン湾海賊対策の情報収集のため、沿岸国のイエメンとオマーンへ調査チームを派遣した。その他海賊対策に必要な情報の収集や人材育成など海上保安庁からの協力について両国の意向を確認した。

国・機関名	沿革	主な任務	勢力
中国公安部	1949年、建国の1カ月後に設立された。公安部は、日本の警察、消防、入国管理局、海上保安庁等の機能を併せ持った巨大な組織となっている。公安部の部局の一つの辺防管理局は、海上保安庁の警備業務とほぼ同等の業務を持っている。	陸海の国境警備／犯罪取締り／出入国管理／消防　等	・船艇：不明 ・航空機：不明 ・職員：不明
中国交通部海事局	1999年、港務監督局及び船舶検査局を統合し、中国交通部直属の機関として設置された。海事局は水上（海上及び河川等）における安全監督、船舶からの汚染防止、船舶等の検査、航行に係る管理と行政についての法執行を行っており、国土交通省海事局及び海上保安庁の警備業務以外の機能を併せ持った組織となっている。	捜索救助／消防／航行安全／海洋汚染対応／航路標識／水路／その他(海上安全、船舶検査、PSC等)	・船艇：約1,300隻 ・職員：約3万人
カナダ沿岸警備隊	1964年の設立。漁業海洋省に所属し、捜索救助航行安全等海上保安庁と同等の業務を所掌しているが、1995年に移管された漁業取締り部門以外警備分野の業務は担当しておらず、領海警備、密航・密輸取締りなどの警察活動は、海軍と各州警察が担当している。	漁業取締り、流氷パトロール／捜索救助／海上防災／航行安全の確保、航路標識整備、海上交通管制／海上安全通信	・船艇：約120隻 ・航空機：約20機 ・職員：約7,000人
インド沿岸警備隊	インドの管轄海域における法の励行並びに海上における生命及び財産の保護は、有事における任務を担う海軍とは距離を置いた、すなわち米国等先進諸国の沿岸警備隊のような適切な装備の組織によって履行されるべきであるとの考えから、1978年、国防省の管理下にある準海軍的な組織として設立された。	海洋及び沿岸部における油、水産、鉱物資源等産物の保護／遭難者の支援並びに海上における生命及び財産の保護／海洋・海運・密漁・密輸・薬物等に関する法執行／海洋環境及び生態の保全並びに稀少種の保護／科学データの収集及び有事における海軍のバックアップ。	・船艇：47隻 ・航空機：43機 ・職員：約7,000人

※ ロシア連邦保安庁国境警備局、米国沿岸警備隊、インド沿岸警備隊は軍組織、その他は文民組織
※ 海上保安庁レポート2006より転載

世界の主な海上保安機関

国・機関名	沿革	主な任務	勢力
韓国 海洋警察庁	韓国海洋警察庁は、1953年に内務部治安局の下に海洋警察隊として設立されて以来、幾度の組織改編を重ね、1996年海洋水産部の新設に伴い、同部の外局に移管され、現在に至っている。	警備救難／海上治安／海洋環境保全／国際外事／海上交通安全管理／海洋汚染防除	・船艇：247隻 ・航空機：10機 ・職員：9,000人
ロシア連邦 保安庁国境 警備局	1893年、軍組織である「国境警備隊」が設立、1923年海上部隊が創設されました。大統領直属機関として全国に7つの管区を置き、下部組織を数多く設置している。海上部隊だけでなく、陸上を含めたロシア全土の国境警備を任務としている。2003年には連邦保安庁に移管され、同庁の一部局となり、現在に至っている。	陸海の国境警備／犯罪取締り／出入国管理／捜索救助（他機関からの要請による）／海洋汚染対応（取締りのみ）	・船艇：約700隻 ・航空機：約250機 ・職員：約20万人
ロシア連邦 海洋汚染・ 海難救助 調整庁	1998年の組織改正により現在の組織となる。運輸省の外局である連邦海上河川輸送庁に属し、大きく分けて海洋汚染対策部門、海難救助部門、海難救助調整部門の業務を行っている。	捜索救助／消防／海洋汚染対応（防除）	・船艇：約100隻 ・航空機：不明 ・職員：不明
米国 沿岸警備隊	1790年に財務省の下に密輸監視隊として設立され、1915年に救難隊と統合され沿岸警備隊となった。1967年、運輸省設置とともに同省に移管されたが、2001年9月の同時多発テロ事件を受け、所掌・人員・勢力・責務を変更することなく、2003年から国土安全保障省に移管され、現在に至っている。	法令の励行／航行安全（捜索救難、航路の安全、航路標識、船舶検査、海技資格、砕氷等）／海洋環境保護／国防・有事対応	・船艇：約1,550隻 ・航空機：約200機 ・職員： 武官約3,800人 文民約6,000人 予備役約7,800人
フィリピン 沿岸警備隊	1967年、海軍の一機関として創設され、1998年運輸省に移管された。地方に8つの管区本部と数多くの分室を置き、水路業務を除いて海上保安庁とほぼ同等の業務を行っている。	警備／犯罪取締り／捜索救助／消防／海洋汚染対応／航路標識業務	・船艇：28隻 ・航空機：5機 ・職員：約4,000人
マレーシア 海上法令 執行庁	海上警察、税関、漁業局等複数の機関にまたがる海上における取締り業務について、その業務遂行面における効率性、有効性を向上させる必要から、これら機関を一つにまとめた新たな組織として海上法令執行庁（MMEA）を創設することが2003年4月に決定し、以後、設立チームにより検討が進められ、2005年11月30日、正式に運用が開始された。同組織は首相府に所属する文民組織であり、海上における法令の励行、捜索救助等を任務としている。	海上における法秩序の維持／治安・安全セキュリティの保全／犯罪捜査／セキュリティ情報の収集	・船艇：20隻 ・航空機：4機 ・職員：約660人

5

組織的に進化を続ける海上保安庁

領海等における外国船舶の航行に関する法律

〔目的〕

第一条　この法律は、海に囲まれた我が国にとって海洋の安全を確保することが我が国の安全を確保する上で重要であることにかんがみ、領海等における外国船舶の航行方法、外国船舶の航行の規制に関する措置その他の必要な事項を定めることにより、領海等における外国船舶の航行の秩序を維持するとともにその不審な行動を抑止し、もって領海等の安全を確保することを目的とする。

〔外国船舶に対する立入検査〕

第六条　海上保安庁長官は、領海等において現に停留等を伴う航行を行っており、又は内水において現に通過航行を行っている外国船舶と思料される船舶があり、当該停留等又は当該通過航行について、前条第一項若しくは第二項の規定による通報がされておらず、又はその通報の内容に虚偽の事実が含まれている疑いがあると認められる場合において、周囲の事情から合理的に判断して、当該船舶の船長等が第四条の規定に違反している疑いがあると認められ、かつ、この法律の目的を達成するため、当該船舶が当該停留等を伴う航行又は当該通過航行を行っている理由を確かめる必要があると認めるときは、海上保安官に、当該船舶に立ち入り、書類その他の物件を検査させ、又は当該船舶の乗組員その他の関係者に質問させることができる。

〔外国船舶に対する退去命令〕

第七条　海上保安庁長官は、前条第一項の規定による立入検査の結果、当該船舶の船長等が第四条の規定に違反していると認めるときは、当該船長等に対し、当該船舶を領海等から退去させるべきことを命ずることができる。

1　自己改革を続けて〝贅肉の少ない組織へ〟

海上保安庁は戦後の一九四八（昭和二三）年五月に新設官庁として設置され、二〇〇八年、創設六〇周年を迎えた。「海上保安制度創設六〇周年記念式典」が二〇〇八年五月一二日、東京・丸の内パレスホテルで天皇皇后両陛下御臨席のもとに挙行され、内閣総理大臣福田康夫（当時、以下同）、衆議院議長河野洋平、参議院議長江田五月、最高裁判所長官島田仁郎の三権の長および国土交通省冬柴鐵三のほか多数の関係者が参列した。

記念式典での天皇陛下のおことばを一部引用させていただく。

海上保安制度の要である海上保安庁法は、昭和二三年に制定、施行されました。当時はまだ戦後間もなく、わが国周辺の海には機雷が散在し、航行の指針となる灯台の多くも破壊されており、航海は危険を伴うものでありました。昭和二四年私が鞆から尾道へ瀬戸内海を船で渡るとき、機雷の危険に備えて木造船を使用する話があったのを記憶しています。掃海作業や灯台の復旧は当時きわめて重要な任務でありましたが、多くの危険を伴う作業であり、残念なことに掃海作業中に事故で殉職した職員もありました。激しい状況の下で、さまざまな危険や困難を乗り越え海の安全の確保に尽力した関係者のあったことを思い、その苦労をしのびます。また離島や人里離れた岬の灯台を守ってきた人々の苦労にも計り知れないようなものがあったことと察せられます。そのような日々から今日に至るまで、海上保安庁の職員は、海上における人々の生命および財産の保護、海上安全および治安の確保のために、大きな役割を果たしてきました。昼夜を分かたぬその努力に対し、ここに深く敬意を表すものであります。

と当時のことを鮮明に記憶されている。

海上保安庁発足当初の巡視船艇、航空機の勢力は、終戦直後の混沌とした時期であったため、寄せ集めによる小型老朽船約二〇〇隻、ヘリコプター三機と大変脆弱なものであった。その後、朝鮮戦争の勃発、高度経済成長期、新海洋法秩序（領海三海里から一二海里へ拡幅、二〇〇海里排他的経済水域設定等）時代の到来、能登半島沖不審船事案、九州南西海域における工作船事件など世界情勢、社会の変化、時代のニーズなどを的確に摑かみ、勢力の整備を進め、二〇〇八（平成二〇）年三月末現在では巡視船艇等四五九隻、航空機七三機という世界でも有数の勢力を誇るまでに成長している。

しかし、戦後新たに創設された組織であり、さらにポリスシーパワーという新しい概念のパワーを行使する機関でもあることから、既成の安全行政および治安行政組織との間で、既得権限を巡ってさまざまな衝突、困難な業務調整などを強いられた。戦前から当該行政を行っている既存の大組織等に挑みながら、海上保安庁は、絶えず変化を強いられ、変化しなければ組織として存続することが困難なこともあり、組織防衛のために自己変革を繰りかえしたと想像される。その結果、海上保安庁という組織は、組織として自己改革することが日常的な潜在意識となり、組織としての防衛本能にまでなっているのではないかと思う。

組織進化論では、

最も強いものが生き残れるものではなく、
最も賢いものが生き残れるものでもない。
唯一生き残れるものは変化できるものである。

という定説がある。この定説が正しいとするならば、海上保安庁はこの好ましい組織防衛本能である自己改革能力を遺憾なく発揮し、これまで進化を続けてきている。現在も日本周辺海域における国際環境の変化を敏感に感じ取り、さらなる進化を遂げようとしている。

さらに日本の行財政環境は、海上保安庁の行政ニーズに合わせて勢力増強、予算拡大を許すほど楽観的なものではなく、政府全体にかかるシーリングは当然海上保安庁にもかけられている。しかし、海上保安庁の業務量、業務エリアは拡大する方向にあり、仕事量は増えているにもかかわらず、運営予算は増えないという逆方向のベクトル環境の中で、組織運営を迫られ、皮肉にも〝海上保安庁は贅肉の少ない組織〟に進化している。

以下海上保安庁の進化と変化を、最新の勢力、組織、権限等を中心に調べてみる。

2　巡視船艇、航空機等の緊急整備

進化する機動力とその配備

二〇〇一年一二月九州南西海域における工作船事件を契機に、冬季の激しい気象状況での航行にも耐えうる堅牢な構造を備え、かつ高速航行が可能な大型巡視船の開発に着手し、一八〇トン型巡視船（高速特殊警備船）に引き続き、不審船対応を主目的とする巡視船として二〇〇五年三月に新しい一〇〇〇トン型巡視船（高速高機能船）の一番船を建造した。本船は、高速化のため大型巡視船としては初めて船体を軽合金製として軽量化を図り、推進方法にウォータージェット四基を採用した。また、度重なるシミュレーションと模型実験により船体各部に加わる応力等の測定、分析を行い、強度上ポイントとなる部分を集中的に強化するなど、高速性と堅牢性という二律背反のきわめて困難な課題を克服して、大型化に成功した。また、九州南西海域での工作船事件において、工作船の武器等の装備が明らかになったため遠距離からの射撃精度を向上させた四〇ミリ機関砲（FCS＝射撃管制装置装備）を装備して、工作船への対応能力を向上させた。

一〇〇〇トン型巡視船に引き続いて、同様の高速高機能およびヘリコプター甲板付二〇〇〇トン型巡視船を整備。一番船を二〇〇六年三月に建造した。二〇〇八年三月現在、不審船・工作船対応を主目的とする巡視船として、一八〇トン型巡視船六隻、一〇〇〇トン型巡視船三隻、二〇〇〇トン型巡視船三隻の合計一二隻を日本海、東シナ海方面に配備している。

2000トン型巡視船PL53「きそ」の船内

海上保安庁の基本的なコンセプトは、二〇〇〇トン型巡視船一隻、一〇〇〇トン型巡視船一隻、一八〇トン型巡視船二隻の計四隻を一ユニットと考えて日本海側に二ユニット、東シナ海に一ユニット配備して北朝鮮の不審船・工作船に対応することである。

東日本海ユニットは、PL51「ひだ」(新潟)、PL42「でわ」(秋田)、PS201「つるぎ」(酒田)、PS203「のりくら」(伏木)。

西日本海ユニットは、PL53「きそ」(境)、PL43「はくさん」(金沢)、PS202「ほたか」(敦賀)、PS205「あさま」(浜田)。

東シナ海ユニットは、PL52「あかいし」(鹿児島)、PL41「あそ」(福岡)、PS206「ほうおう」(長崎)、PS204「かいもん」(奄美)。

それぞれの海域を覆うように配属された巡視船は、私たちの眼からは見えにくい洋上での監視、取締りパトロールの任務についている。

不審船対応の巡視船の整備が終わると同時に、国境警備、

1000トン型巡視船「でわ」　180トン型巡視船「ほたか」

大規模地震対応、島嶼パトロールに重点を置いた拠点強化型巡視船PL61「はてるま」を石垣保安部に配備。航空機（ヘリコプター）、巡視艇に電気、燃料を洋上補給できるほか、大型ヘリの発着、巡視艇の乗務員仮泊施設などが整備されている。このタイプの巡視船と三五〇トン型の巡視船が今後三年間で配備される予定だ。

贅肉の少ない機動勢力・運用力への刷新

海上保安庁は二〇〇六（平成一八）年度から巡視船艇・航空機等の緊急整備のための予算要求を行っている。

昭和五〇年代（新海洋法秩序創設時代）に整備された巡視船艇・航空機の老朽化および速力不足など性能面の旧式化により、犯罪取締りや救助活動に支障が出ており、こうした状況を少しでも早く解消する必要がある。

また、海洋権益の保全、沿岸水域の監視警備強化、大規模災害等に対する救助体制の強化といった今日の重要課題に的確に対応するために必要な業務体制を確保するため、速力、操作監視能力の向上を図った巡視船艇・航空機の整備を急ぐ必要がある。現状では、約三五〇隻の巡視船艇、約七〇機の航空機のうち多くの巡視船艇の耐用年数が超過している。

1000トン型巡視船「はてるま」

2000トン型巡視船「きそ」

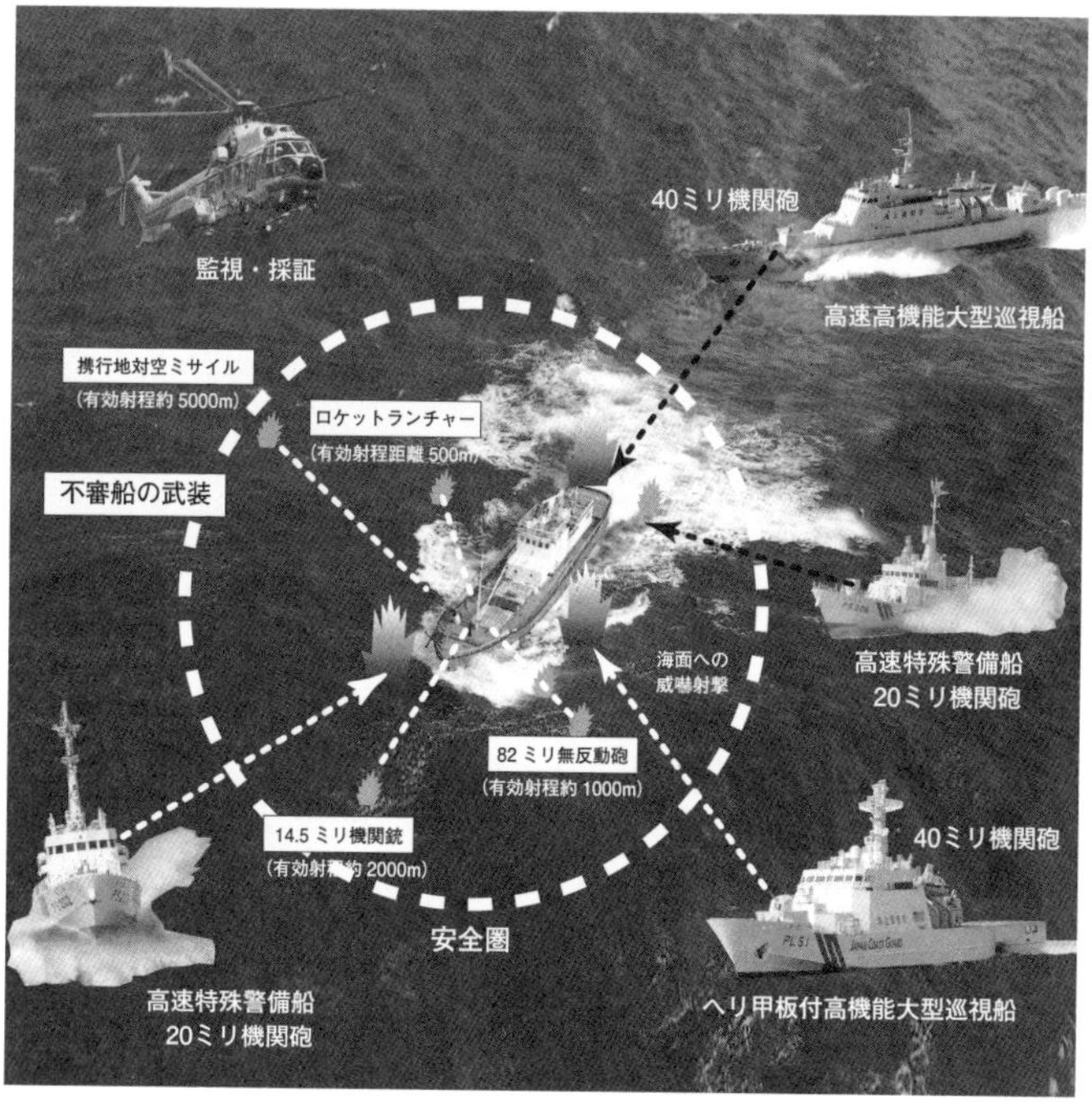

不審船を想定した対応ユニットの対応図

このため、警備救難業務にあたる巡視船艇および航空機の約四〇パーセントにあたる巡視船艇約一二〇隻、航空機約三〇機の代替整備が必要になっている。

その他、巡視船艇・航空機の運用および保守管理効果を上げるため基地施設整備、情報通信システム整備に着手しており、海上保安庁機動勢力およびその指揮運用能力の刷新に積極的に取り組んでいる。予算的には約三五〇〇億円規模の予算が必要と見積もり、二〇一〇年代のできるだけ早い時期に、この緊急整備を完了させたいと考えているようだ。

このように海上保安庁の機動勢力は高速高機能の勢力にリニューアルされるものの、整備される巡視船・航空機は全て代替整備であり、勢力が増えるものではない。増え続ける事案に対処するためにはさらなる工夫、改善、効率向上が求められる。

外部からこの機動勢力整備はどう見えるか

最近の海上保安庁の機動勢力である巡視船・航空機の整備の動きに関して、興味深い新聞記事等を眼にしたのでここで紹介しておきたい。

●未整備な海洋大国の備え（産経新聞「正論」　帝京大学　志方俊之教授）

我が国のＥＥＺは世界第六位の広さであり、一国で世界の海運量の一五パーセントをしめる。日本には世界有数の海洋大国なのだ。にもかかわらず、我が国の海上保安庁は規模も予算も海洋大国の名に値しない小規模なものだ。海洋構築物安全確保法も海洋基本法も未整備な法体系化の下、これ程の少ない数の人員と装備で、一つの海洋大国の海の安全が守られていることは、世界史の中でも珍しいのではないか。

●**アジア三国志・中国・インド・日本の大戦略**（日経新聞出版　ビル・エモット著作）

アジアで軍拡競争が行われているといったら大げさに過ぎるかもしれない。しかし、（中略）自衛隊の規模そのものは拡大していない。しかしながら、二〇〇一年に際立って変化があった。防衛費の枠に含まれていない海上保安庁に適用される法律を改正して、領海侵犯に対して武力を行使できるようにした。それ以来、海上保安庁の予算は大幅に増加し、現在は総額一八七〇億円（約一六億五〇〇〇万ドル）に達している。海上保安庁は、五〇〇トン以上の巡視船八九隻を要しているが、MIT（マサチューセッツ工科大学）の日本研究者リチャード・J・サミュエルズによれば、これは中国の全艦艇の約六パーセントに相当するという。最新鋭の巡視船二隻は、駆逐艦の三分の二に相当する大きさである。

日本の沿岸警備隊に当たる海上保安庁が、これほどまでに拡大された理由は何か。海賊行為の危険に対するだけではない。日本が多くの島からなっているからでもない。日本はいくつかの離島の領有権を中国と争っている。それが一つの理由だろう。もう一つの理由は、アジアの大国が競い合い、国力を誇示するには、通常兵器としては海軍力が第一の手段であると、国防計画の立案者が考えたからだ。海上保安庁を拡大すれば、その分、正規の海軍である海上自衛隊の手が空き、もっと広い範囲で活躍できる。だからこそ海上自衛隊は、インド洋でアメリカの艦船に給油支援を行い、二〇〇七年九月には、インドやアメリカやシンガポールなどと合同演習に参加できた。

国内外で、海上保安庁の機動勢力およびその整備の動きが、どの様に見られているかを考える上で、ここに引用した記事等は大いに参考になるものであるが、ここで忘れてならないのは、日本の海上保安制度は海軍力を背景にした組織ではなく、海上警察力を背景にして創設された組織であり、平時において海洋の平和と秩序を維持する機能を持つポリスシーパワーを行使する機関であるということだ。この基本的考え方は決して外してはならない。

3 変化を恐れない海上保安庁の組織改革

二〇〇八(平成二〇)年五月に発行された海上保安庁レポート(海上保安制度創設六〇周年記念特集号)を読み、改めて最近の海上保安庁の動きの激しさに驚く。このレポートの特集タイトルの一つを、「海上保安庁激動の一〇年」としていることもうなずける。ここで言う一〇年とは、平成一〇年から平成一九年を指しているのであるが、この一〇年の幕開けである平成一〇年のページには「インドネシア危機・在留邦人救出への対応」という記事に続き、「尖閣諸島を巡る領海警備」「北朝鮮の弾道ミサイル発射への対応」の記事が掲載され、正に「激動の一〇年」の幕明けに相応しく、激動した海上保安庁を生々しくレポートしている。

日本を取り巻く、周辺国との動きに対応して、さまざまな措置をとってきた海上保安庁自体にも、時代の大きな波が押し寄せている。この流れは、同庁だけを巻き込んだ流れではなく、橋本内閣時代に成立した「中央省庁等改革基本法」という行政改革の骨太の流れである。この法律の要点は、二〇以上あった行政組織を一府一二省に削減するだけでなく、行政組織の在り方を点検するシステム、政策評価制度を導入したところにある。この政策評価制度は、行政組織が国民に対する行政サービスの成果を上げることが目的であるかもしれないが、要は国家組織が国民から、その組織の品質管理を受けるということだと考える。橋本内閣時代の行政改革から現在までに、海上保安庁内部組織は大きな変貌を遂げている。

既存の組織を作り変えるためには、組織を整理統合して新たな組織にしなければならないが、組織総数が変化するわけではないので、内部での強い抵抗、確執があったと推測される。海上保安庁における苦渋に満ちた組織変革の一〇年を追ってみることにする。

1 本庁水路部海洋情報課に沿岸域海洋情報管理室および第三管区海上保安本部に横浜機動防除基地設置(平成一〇年四月一日)。いずれの組織も平成九年一月に日本海で発生したロシア籍タンカー「ナホトカ」号重油流出事故。同年七月に東京湾で発生した「ダイヤモンドグレース号」原油流出事故を契機として、海洋環境保全体制を強化するために設置された。

2 本庁警備救難部管理課に航空業務管理室設置(平成一一年四月一日)。海上保安庁所属の安全運航、効率的運用、航空要員の運航技術の向上を図るために設置された。

3　海上保安庁英文名を「Japan Coast Guard」に変更（平成一二年四月一日）。海上保安庁の英文名称は、これまで「Japan Maritime Safety Agency」であったが、諸外国海上保安機関との連携、協力が活発化している実情を踏まえ、国際的な理解が得られ、かつ海上保安庁の業務内容が明確に伝えられるとして英文組織名を変更した。

4　本庁総務部に国際・危機管理官を設置（平成一三年一月六日）。海上保安庁の国際業務および危機管理事案は、海洋という業務の性質上、密接に関連しており、これを一体的に、迅速かつ的確に対応する必要があるため、業務整理をして設置した。

5　本庁総務部に情報通信企画課、情報通信業務課、情報管理室を設置（平成一三年一月六日）。全庁的な情報通信の確立、情報の共有・高度化、業務ニーズにあった情報通信システムの有機的かつ効率的な整備および最新の情報通信技術への対応等を強化するため、いわゆる情報の中央統制、共有促進、ＩＴ化を図り業務を調整・整理する総務部に集約するため、同部に設置した。

6　本庁警備救難部に刑事課、警備課、国際警備課、環境防災課を設置（平成一三年四月一日）。国際海上犯罪対策の業務体制の一元化、警備情報の収集、分析および管理体制の強化、海洋環境保全行政の企画立案体制の一元化、適正な犯罪捜査実施体制の一元化を図るため警備救難部のこれまでの組織全般を見直し、再編設置した。

7　各管区本部航路標識事務所の海上保安部への統合（航行援助センター発足）（平成一三年四月一日）。警備救難業務と航路標識業務の連携を強化し、海上保安業務の連携を強化し、海上保安業務の執行体制の総合力を高めるため、同上事務所の統廃合を開始した。

8　水路部から海洋情報部へ名称変更（平成一四年四月一日）。明治四年海軍部に水路局が設置されて以来使用してきた「水路」という言葉の使用を止め、ＩＴ（情報技術）の進展および国際的対応能力等の強化を目的として、名称を変更した。

9　第三管区海上保安本部に国際組織犯罪対策基地を設置（平成一四年四月一日）。悪質巧妙化する密輸・密航事犯を水際で阻止し、国内外関係機関との情報交換・連携協力を強化するため、今までの体制を見直し設置した。

10　海上保安大学校に国際海洋政策研究センター発足（平成一四年五月三〇日）。薬物、銃器の密輸・密航等の国際的犯罪、東南アジア海域における海賊事案等の課題に的確に対応するため、海洋に関する政策等について、従来にも増して学術的かつ総合的調査研究する研究テーマ毎の研究ユニット等からなるセンターを発足させた。

11　各管区本部航空基地に機動救難士配置開始（平成一四年一〇月一日）。日本周辺海域における海難および海中転落等の人身事故の約九五パーセントが沿岸二〇海里（約三七㎞）以内の海域に発生。これらの海難に即応するため、ヘリコプターの機動力を活用した救助機能と救急救命技能を持つ機動救難士が初めて福岡航空基地に配属された。平成二〇年三月末までに、函館、関西空港、美保、鹿児島航空基地の合計五基地に機動救難士を配置している。

12　本庁、管区本部に交通部発足（平成一五年四月一日）。航路標識の整備、運用等を実施する部門と航行規制や安全指導を実施する部門すなわちハードとソフトを統合、一元的に交通安全行政を実施する体制に改組した。

13　第三管区海上保安部に航空整備管理センターを設置(平成一五年四月一日)。高性能な新型航空機の就役により、管理部品の増大、海外修理の増加等、航空機維持管理業務が質・量とも増加したことから、これまで各航空基地等で行ってきた整備関連事務、部品管理事務等を一元的に実施するために設置。

14　第五管区海上保安本部に関西空港海上保安航空基地を設置(平成一五年一〇月一日)。これまで関西空港基地内にあった関西空港海上警備救難部と大阪府八尾市にあった八尾航空基地の二つの組織を統廃合し、空と海からの空港警備をはじめとする海上保安業務を担う新しい機能の航空基地を設置した。

15　港湾危機管理官の設置(平成一六年一月一六日)。内閣総理大臣から、水際危機管理チーム参事官および同チームの空港・港湾危機管理官が任命された。全国的な「危機管理チーム」が発足。この港湾危機管理官に東京、横浜、名古屋、大阪、神戸の各海上保安部長が任命された。加えて平成一九年七月一日には、関門港を管轄する門司海上保安部長が港湾危機管理官に追加任命された。同管理官は同港湾に関係する警察、税関、入管等の各機関の業務調整等を行い、港湾危機対応チームリーダーとしての任務を遂行するものである。

16　本庁警備救難部国際刑事課に海賊対策室を設置(平成一九年一月一日)

17　本庁警備救難部に警備情報課を設置および第三、五、七管区海上保安本部公安課を警備情報課に改組(平成二〇年四月一日)。二〇〇八年二月一四日、内閣官房長官を議長とする情報機能強化対策会議は首相官邸の情報収集、分析力を向上させるため、内閣情報分析官の新設、内閣情報会議の機能強化などを盛り込んだ方針を取りまとめた。これ等の動きを受けて、海上保安庁においては、これまで本庁に情報調査室、また管区本部に公安課を設置して専従の職員を配置する等により、必要な情報活動を行ってきたところであるが、情報調査室を警備情報課に昇格、公安課を同じ警備情報課に改組させた。

以上この一〇年間における海上保安庁の組織改革の動きを概観したが、主なものだけを取り上げてもこれだけ変化しており、単純平均して一年間に二つ程度の組織を改組している。ここで取り上げた組織以下の小さな組織および地方出先組織を含めると、さらに多くの組織変更が行われている。

この事は、海上保安庁を取り巻く国際的政治環境が大きく変化してきたことを意味する。海上保安庁は、国内外の政治環境、国際的な動きを敏感に感じ取り、組織改革を大胆に実行し、今後もそれを継続する。海上保安庁は、戦後に創設された新しい組織ではあるが、既存の大組織と戦いながらも、現在まで存続しつづけた組織だからだ。その好ましい組織防衛本能が組織の末端まで浸透し、身に付いているので、これからも変化を恐れず、日本の安全を水際で守り、国民の期待に十二分に応えうる組織に進化し続けると考える。

4　海上保安庁が仕掛ける新しい灯台

海上保安庁法第二条に「航路標識に関する事務」という仕事がある。具体的には航路標識法という法律に基づいて、航路標識を設置し、それを管理運営している。航路標識という言葉は、一般の人にはあ

魚釣島灯台

まり馴染みがないかもしれないが、日本の沿岸水域を航行する船舶の指標となる灯台、灯標、立標、浮標、霧信号所、無線方位信号所等の施設を総称している。一般的には「灯台」として知られているが、灯台は航路標識の一つである。陸上施設にたとえると道路標識、道路信号になる。

この航路標識法の目的は「航路標識を整備、運営して船舶交通の安全を確保し、合わせて船舶の運航の増進を図る」となっている。

当然、新しく設置された灯台等は、この目的に沿って整備されるが、これから紹介する二基の灯台は、これまでの灯台と少し趣が違う。

最初に紹介するのは沖縄・尖閣諸島魚釣島灯台。この灯台に関して海上保安庁は、二〇〇四（平成一七）年二月、航路標識法に基づく所管航路標識「魚釣島灯台」として管理を始めた。魚釣島灯台は、一九八八（昭和六三）年に日本の政治団体が設置したものだが、これを所有していた漁業者から所有権放棄の意思が示されたため、民法の規定により、国庫帰属財産となった。魚釣島灯台の取り扱いについては、長年、付近海域での漁労活動や船舶の航行安全に限定的とはいえ寄与している実績などを踏まえ、政府全体の判断として、その機能を引き続き維持することとなり、必要な知識、能力を有する海上保安庁が保守、管理を行うこととなった。海上保安庁では、直ちに魚釣島灯台の設置を航行警報により航行船舶

沖ノ鳥島東小島

沖ノ鳥島北小島

に周知し、官報に告示するとともに、海図へ記載した。

二基目の灯台は沖ノ鳥島灯台である。前述したように、沖ノ鳥島について中国は「岩」であるとして、国連海洋法条約第一二一条第三項「人間の居住、または独自の経済的生活を維持することのできない岩は、排他的経済水域または大陸棚を有しない」の規定により、沖ノ鳥島を起点としている日本の領海については認めているものの、排他的経済水域および大陸棚は認められないと主張している。

しかし、日本は、一九三一(昭和六)年七月、当時いずれの国にも属さないと認められていた沖ノ鳥島を、東京都小笠原支庁管理下に編入し、それ以来、同島を「島」として有効に支配してきた。一九七七(昭和五二)年からは同島を起点として二〇〇海里の漁業暫定水域を設置したが、他の国から異論を唱えられることはなかった。これは同島が歴史的に見てもすでに日本が支配する「島」としての地位を確立していたことを示してる。国連海洋条約では、「島とは、自然に形成された陸地であって、水に囲まれた、高潮時においても水面上にあるものを言う」と定義し、このような「島」は、領海、接続水域、排他的経済水域および大陸棚を有す

沖ノ鳥島灯台

ることが定められている。

海上保安庁は、この日本最南端に位置する沖ノ鳥島(東京都)に灯台を設置し、二〇〇七(平成一九)年三月一六日から運用を開始した。政府全体で沖ノ鳥島の活用方策について検討が進められる中、海上保安庁は、同島周辺における航行船舶と操業漁船の実態や過去発生した海難を勘案し、航行船舶の安全を確保するとともに、運航効率の増進を図るために灯台を設置した。

以上紹介した二つの灯台は、航路標識法の目的に沿って設置、管理された灯台である。両灯台ともに設置する過程の説明において「政府全体の判断または検討」と記述したが、それは、海上保安レポート二〇〇六「我が国の海洋権益保全のために」の項目に記載されている内容であり、二灯台の設置は、国内法に基づく海上保安行政行為の一つではあるが、国家の意思を示す行為でもある。国内的には注目されていないが、対外的には画期的行政行為である。海上保安庁が仕掛ける新しい灯台の役割と同庁の挑戦するポリスシーパワーの勢いを感じさせる動きでもある。

5　海上保安行政を支える法制度の動き

ユニークな海上保安庁法

海上保安庁が所管する法律は、現在それほど多くはない。しかし、一九九八(平成一〇)年から二〇〇七(平成一九)年の一〇年間、いわゆる「海上保安庁　激動の一〇年」の間に法律の改正、新法の施行がなされており、海上保安制度に関係する法律が国会で審議され、法制面においても少しずつ変貌してきた。

ここで、海上保安庁が所管する法律(一部共管法律を含む)を列記してみる。

1　海上保安庁法(昭和二三年四月二七日・法律第二八号)
2　海上保安官に協力援助した者等の災害給付に関する法律(昭和二八年四月一日法律第三三号)
3　港則法(昭和二三年七月一五日法律第一七四号)
4　海上衝突予防法(昭和五二年六月一日法律第六二号)
5　海上交通安全法(昭和四七年七月三日法律第一一五号)

6 海洋汚染等および海上災害の防止に関する法律(昭和四五年一二月二五日法律第一三六号)
7 水難救護法(明治三二年三月二九日法律第九五号)
8 水路業務法(昭和二五年四月一七日法律第一〇二号)
9 航路標識法(昭和二四年五月二四日法律第九九号)
10 国際航海船舶および国際港湾施設の保安等に関する法律(平成一六年四月一四日法律第三一号)
11 領海等における外国船舶の航行に関する法律(平成二〇年六月一一日法律第六四号)

以上、一一の法律の中で、もっとも中心的な法律は、その法律名称が示すとおり「海上保安庁法」であるが、この法律を見てみると非常にユニークな法律であることがわかる。海上保安庁の組織のあり方を規定した条文と海上保安業務を行う海上保安官の権限、すなわち海上での警備とか取り締まり権限を規定した条文が一つの法律に混在している。日本における法律の普通の組み立てでは、組織に関する事項については、たとえば外務省設置法などとして、組織に関する法律を別立てにしている。権限等についても、警察官職務執行法などとし、やはり別立ての法律にするのが普通の立法である。

これから考えると海上保安庁法は、組織法と執行法(作用法)が一つの法律で定められており、日本では非常にユニークな法律であるといえる。この海上保安庁法が戦後の混乱期に組織法と執行法を一つの法律としてまとめられたのは、海上保安庁が米国コーストガードを範として創設されたものであったからやむを得ない点があるのかもしれない。

海上保安庁法は海上保安官が一般国民に対して権限を行使し、国民の行為を制限したり、規制したりする執行法(作用法)の性格をも持つ法律なので、私たちも知っておかなければならない重要な法律だと考える。しかし、元国際海洋法裁判所判事で国際法学者の山本草二先生も指摘している通り、市販されている六法全書には、警察官職務執行法は大概掲載されているのに、海上保安庁法は掲載されない。少しおかしい話ではないかと考える。

進化する海上保安庁法

海上保安庁法は、これまで所掌事務等を追加する程度の法律改正はあったものの、法律制定以来、大きな法律改正はしていなかった。しかし、最近この法律を大きく改正しなくてはならない事案が発生した。一九九九(平成一一)年三月、日本海で発生した「能登半島沖不審船事案」である。政府部内ではこの事案の対応について、関係省庁において「不審船を停船させ、立ち入り検査を行うという目的を十分達成するとの観点から、危害射撃の在り方を中心に法的な整理を含め検討」することとされ、二〇〇一(平成一三)年一一月に海上保安庁法の改正が行われた。

不審船は、日本領域内における重大凶悪な犯罪への関与が疑われているが、不審船の外観からだけでは船内で実際にどのような活動が行われているか必ずしも確認することができない。そのため不審船をいったん停止させた上で、海上保安官による立ち入り検査を実施する必要があるが、不審船が停船命令を受け入れず逃走を続けた場合は、停船させる目的で、その船舶に射撃を加える必要が出てくる。その際、一定の厳しい条件をクリアすれば、停船させる目的で行った射撃により、人に危害を与えたとしても、その違法性は阻却されるというものである。これまでの海上保安庁法では、海上保安官等の武器の使用については、警察官職務執行法の規定の準用により、犯人の逃走防止または公務の執行に対する抵抗の抑止等のため必要なときは武器の使用が認められるものの、人に危害を与えることが許容されるのは、①正当防衛・緊急避難　②重大凶悪犯の既遂犯　③逮捕等の執行の場合に限定されていた。不審船がただ単に逃走しているだけでは、この要件を満たしておらず、船体に向けた射撃はできない法制になっていた。これを改正したのであるが、この海上保安庁法の一部を改正する法律を審議・成立させたのは、一般的に「テロ国会」と言われた国会であった。

新たな海上保安執行法の施行

二〇〇一年の米国同時多発テロ事件の後、海事分野における国際的な保安対策の強化を求める米国の強い働きかけを受けて、ＩＭＯ(国際海事機関)において、海事保安対策の強化を図るためのＳＯＬＡＳ条約(一九七四年の海上における人命の安全のための国際条約)の改正についての審議が行われた。そして二〇〇二(平成一四)年一二月に改正ＳＯＬＡＳ条約が採択され、二〇〇四(平成一六)年七月に発効した。日本も、この条約発効に合わせ、同条約を国内法で担保するため「国際航海船舶及び国際港湾施設の保安の確保に関する法律」が、同年七月一日に施行した。この法律は、外国から日本の港湾に入港するすべての船舶情報を把握して、その船舶が入出港する港湾管理者に港湾施設内での不審者・不審物の出入りをチェックさせ、港湾セキュリティー措置をするという法律である。海上保安庁では、同法律に基づき、入港する外国船舶等の船舶保安情報の事前通報を義務付け、必要な場合には、入港規制や立入検査等により保安措置の実施状況を確認する等の措置を構じ、日本に対するテロの危険排除に努めている。

さらに、最近日本を取り巻く海洋を巡る国際政治情勢が激変し、これらに対抗するため議員立法により海洋基本法を制定、二〇〇七（平成一九）年七月二〇日に施行したが、この基本法の中でも「海洋の安全確保」の重要性を唱えており、これを受けて海上保安庁は「領海等における外国船舶の航行に関する法律」を二〇〇八（平成二〇）年二月二六日国会に提案。審議を経て、同年七月一日に施行した。

この法律は日本の領海および内水における外国船舶の航行の秩序の維持を図るため、この海域で外国船舶が正当な理由のない停留、錨泊、徘徊等の行為を行うことを禁止した海上保安執行法である、これに違反した場合はこの海域から退去命令を出し、この命令を拒否した場合は命令違反として検挙できるようになった。

6 海上保安インテリジェンス　新たなる活動

海上保安庁組織規則(省令)

〔警備救難部に置く課〕

第十六条　警備救難部に、次の七課を置く。

管理課

刑事課

国際刑事課

警備課

警備情報課

救難課

環境防災課

〔警備情報課〕

第二十一条　警備情報課は、次に掲げる事務をつかさどる。

一　警備情報の収集、分析その他の調査及び警備情報の管理に関すること。

二　テロリズム(広く恐怖又は不安を抱かせることによりその目的を達成することを意図して行われる政治上その他の主義主張に基づく暴力主義的破壊活動をいう。以下同じ。)その他の我が国の公安を害する活動に関する犯罪であって、外国人又はその活動の本拠が外国に在る日本人に係るもののうち、海上におけるものの捜査及びこれらに係る犯人又は被疑者の逮捕に関すること。

三　前号に規定する犯罪の犯人又は被疑者の海上における逮捕に関すること。

1　正常がわかれば、異常がわかる

海上保安官は巡視船艇・航空機で、日本周辺海域や東京湾、伊勢湾、大阪湾、瀬戸内海等の輻輳海域を二四時間、三六五日巡視警戒(パトロール)し、沿岸海域の正常な状態を把握するようつとめている。これは海上保安庁法第五条第一二号及び国土交通省組織令第二四九条第九号(沿岸水域における巡視警戒に関すること)に明示されている重要な所掌事務である。

この巡視警戒業務で何が重要かというと、その海域を毎日パトロールすることによって、その海域の正常な状態を記録・把握することである。正常な状態がわかっていれば、異常は自ずと認知できるものであり、逆に言えば、異常を察知したいのであれば、何が正常な状態かを把握しておく必要がある。

この海上保安庁の巡視警戒活動は、情報収集活動でもあり、最も基本的な情報収集のフィールドワークである。海上テロ阻止活動においても、テロ行為の兆候を察知するにも、いつもと違う状態を認知するパトロールが重要な活動であると言える。さらに、海上保安官には、船舶の船長等に対して書類の提出命令、立入検査および質問をする権限があり、現在、年間約二・五万隻の船舶に立入検査等を行っている。また、日本の海上テロ対策の一環として二〇〇四(平成一六)年七月に施行された「国際航海船舶及び国際港湾施設の保安の確保等に関する法律」(略称「国際船舶・港湾保安法」)に基づき、日本に入港する外国船舶は、事前入港通報等が義務付けられ、海上保安庁が入港船舶を審査することになっている。

若狭湾の上空から原子力発電所周辺を監視する

海上への不法投棄等を監視する

審査する外国船舶は年間約七万隻で、その船舶に関する情報を全て把握、整理・保管する一方、保安措置が的確に講じられているかどうか調べる必要のある約一割の外国船舶に対して、立入検査を実施している。つまり、日本に入港するほとんどの外国船舶は海上保安庁が把握していることになる。

海上保安官のこのような二四時間三六五日間の活動は、海上保安インテリジェンス業務に関するアンテナである。これまでの巡視警戒活動に加えて、国際船舶・港湾保安法に基づく外国船舶の船名、国籍を含む乗組員名簿、船籍港、入港地および入港予定日時等の事前通報が入港の二四時間前に海上保安官署に通報されるなど海上保安インテリジェンスのアンテナの感度は向上されてきており、このような地道な海上保安庁の活動に今後とも期待したい。

捜索監視能力等に優れたジェット飛行機「ガルフV」

2　日本の政府情報会議の動き

新聞によれば、二〇〇八（平成二〇）年二月一四日、内閣官房長官を議長とする情報機能強化検討会議は、首相官邸の情報収集、分析力を向上させるため、内閣情報分析官の新設、合同情報会議の機能強化などを盛り込んだ「官邸における情報機能強化の方針」を取りまとめ公表した(一五五ページ参照)。この方針によれば、首相官邸には、これまで警察庁、防衛省、外務省、公安調査庁の局長級のメンバーで隔週開催される「合同情報会議」を経た情報が、内閣情報官を通じて伝えられているが、新たな仕組みでは四省庁に財務省、経済産業省、金融庁、海上保安庁を加え、より幅広く情報を集約し、官邸に伝える情報を分析評価することとなったようだ。参考のために、警察庁、防衛省、外務省、公安調査庁の任務とそのインテリジェンス組織図を一四六—一四七ページで、海上保安庁の任務とインテリジェンス組織図を一四九ページで紹介する。

日本の政府情報会は、各省庁次官級会議、各省庁局長級会議、各省庁課長級会議があるが、新たに加わる四省庁、特に海上保安庁はこれまで、これらの会議に、アドホック的に参画していたが、今回の方針によって今後は正式メンバーとなり、海洋に関する諸情報も官邸に収集させる。陸上での社会的事象だけを観察するだけではなく、海洋での社会的事象をも観察して、これら両事象を鳥瞰的に結びつければ、これまで見えなかったものが見えてくる可能性がある。このような視点、言い換えるならば、海から発想する視点を日本のインテリジェンス機能に加えることが必要であると認識されたということであろう。

3　インテリジェンス活動とは

インテリジェンス(Intelligence)は日本語では、一般的に「情報」と訳されているが、インフォメーション(Information)も同じく「情報」と訳されている。英語では当然、この二つの言葉は使い分けられているが、日本語では両方とも「情報」であり、使い分けされていないので不便である。そのため最近では、そのままカタカナ語として普及している。

英和辞書をみると、

インテリジェンス………知能、重要な知識・情報
インフォメーション……知識、情報、データー、ニュース

とあるが、このニュアンスの違いは日本人にはわかりにくい。ある本でわかりやすく説明してあったので、それを引用する。

インテリジェンスとは、インフォメーション(データー、ニュース等)を丹念に精査することによって、またインフォメーションを種々組み合わせることによって、ターゲットの概念図を描くことができる。その上で、足りないものは何か? それを追求することがインテリジェンスである。

非常にわかり易い説明であり、以後、インテリジェンスという言葉は、この様な意味合いで使っていきたい。

各機関の任務とインテリジェンス組織（▒▒がインテリジェンス組織）

◎警察庁

警察は、個人の生命、身体及び財産の保護に任じ、犯罪の予防、鎮圧及び捜査、被疑者の逮捕、交通の取締その他の公共の安全と秩序の維持に当たることをもってその責務とする。（警察法第２条第１項）

○中央組織

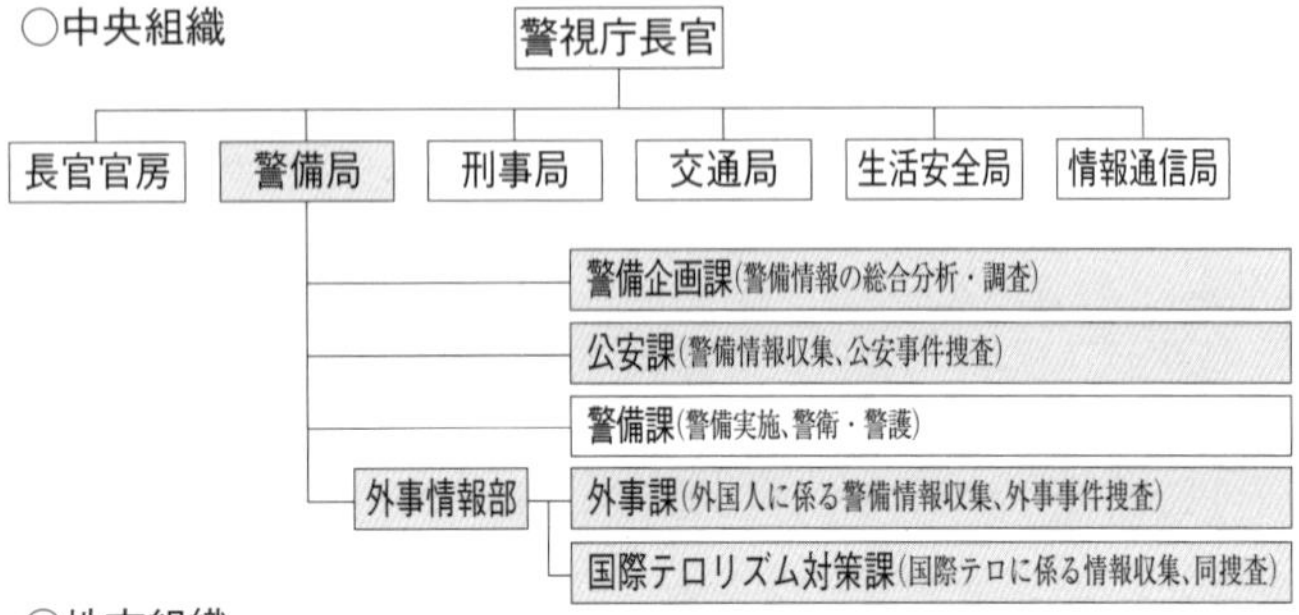

○地方組織

警察庁公安部、道府県警察本部警備部、所轄警察署警備課・外事課

◎防衛省

防衛省は、日本の平和と独立を守り、国の安全を保つことを目的とし、これがため、陸上自衛隊、海上自衛隊及び航空自衛隊（自衛隊法（昭和29年法律第165号）第２条第２項から第４項までに規定する陸上自衛隊、海上自衛隊及び航空自衛隊をいう。以下同じ）を管理し、及び運営し、並びにこれに関する事務を行うことを任務とする。（防衛庁設置法第４条第１項）

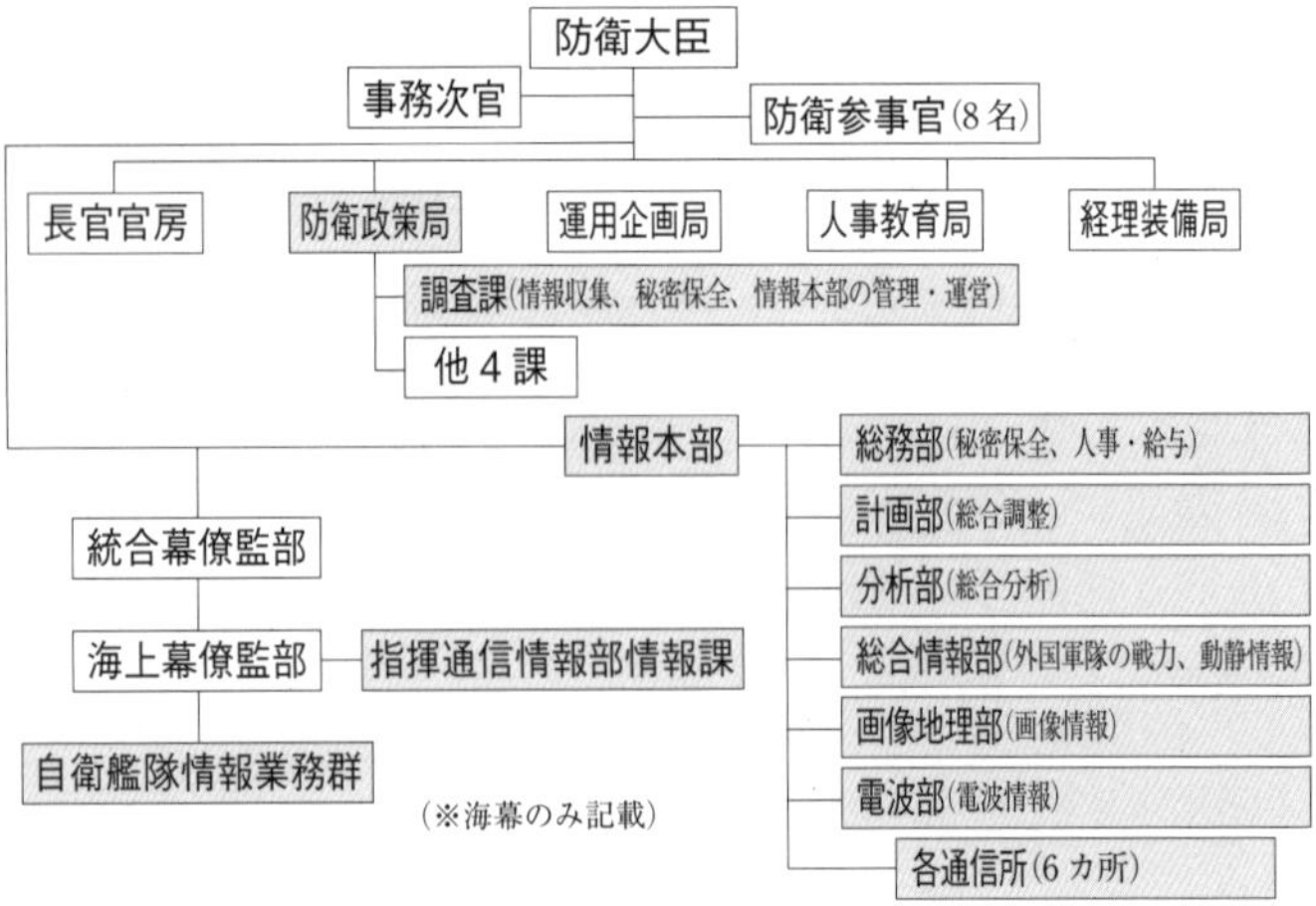

◎外務省

外務省は、平和で安全な国際社会の維持に寄与するとともに主体的かつ積極的な取組を通じて良好な国際環境の整備を図ること並びに調和ある対外関係を維持し発展させつつ、国際社会における日本国及び日本国民の利益の増進を図ることを任務とする。(外務省設置法第3条)

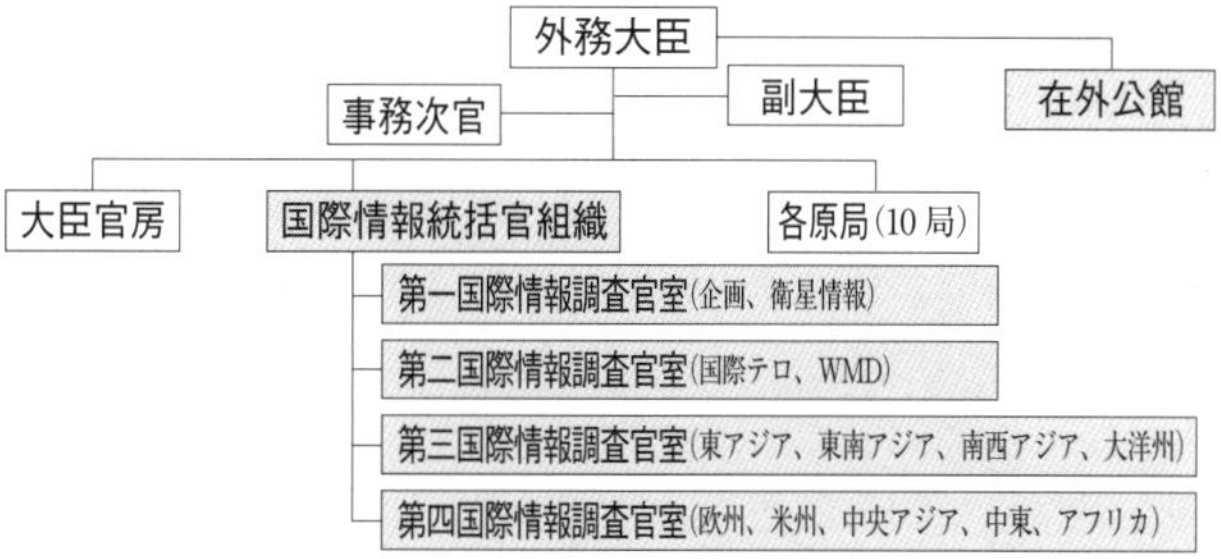

◎公安調査庁

公安調査庁は、破壊活動防止法(昭和27年法律第240号)の規程による破壊的団体の規制に関する調査及び処分の請求並びに無差別大量殺人行為を行った団体の規制に関する法律(平成11年法律第147号)の規程による無差別大量殺人行為を行った団体の規制に関する調査、処分の請求及び規制措置を行い、もって、公共の安全の確保を図ることを任務とする。(公安調査庁設置法第3条)

○中央組織

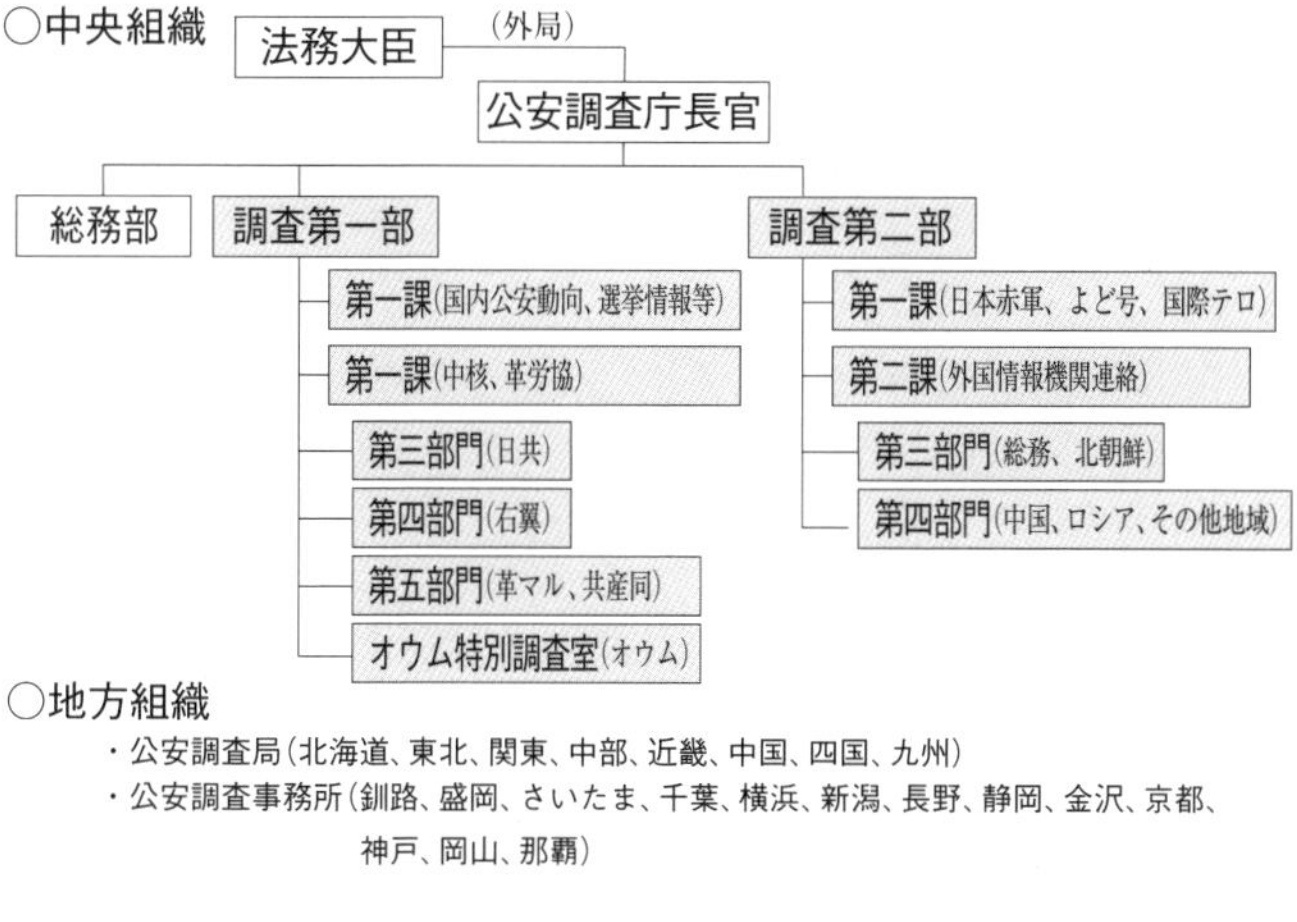

○地方組織

・公安調査局(北海道、東北、関東、中部、近畿、中国、四国、九州)
・公安調査事務所(釧路、盛岡、さいたま、千葉、横浜、新潟、長野、静岡、金沢、京都、神戸、岡山、那覇)

4　海上保安庁のインテリジェンス組織

最近、海上保安庁内のインテリジェンスに関する組織の新設、改正の動きが活発で、海上保安庁がインテリジェンス部門にいかに力を注いでいるかがうかがえる。その組織変遷の概要を示せば、次のとおりである。

二〇〇二(平成一四)年四月　管区本部警備課情報調査室設置
二〇〇四(平成一六)年四月　本庁警備課情報調査室設置
二〇〇五(平成一七)年四月　管区本部情報調査室を一部公安課へ昇格
二〇〇八(平成二〇)年四月　本庁情報調査室を警備情報課へ昇格
　　　　　　　　　　　　　管区本部公安課を警備情報課へ改正

海上保安庁は、政府の動きに合わせるように組織整備を着実に進め、海上における情報収集力、分析能力向上を図っていると思われる。元々、海上保安庁は潜在的に、かなりのインテリジェンス能力を保有している。このように本格的に情報組織を整備することによって、国際的戦略性をもって、米国コーストガート、ロシア国境警備局、中国公安部辺防管理局、韓国海洋警察庁、カナダコーストガートなどの海上保安機関との国際的連携、協力を進め、二国間でも頻繁に情報交換を行っているようである。今後の海上保安庁のインテリジェンス活動に期待したい。

◎海上保安庁の任務とインテリジェンス組織

海上保安庁は、法令の海上における励行、海難救助、海洋汚染等の防止、海上における犯罪の予防及び鎮圧、海上における犯人の捜査及び逮捕、海上における船艇交通に関する規制、水路航路標識に関する事務その他海上の安全の確保に関する事務並びにこれらに附帯す事項に関する事務を行うことにより、海上の安全及び治安の確保を図ることを任務とする。

○中央組織

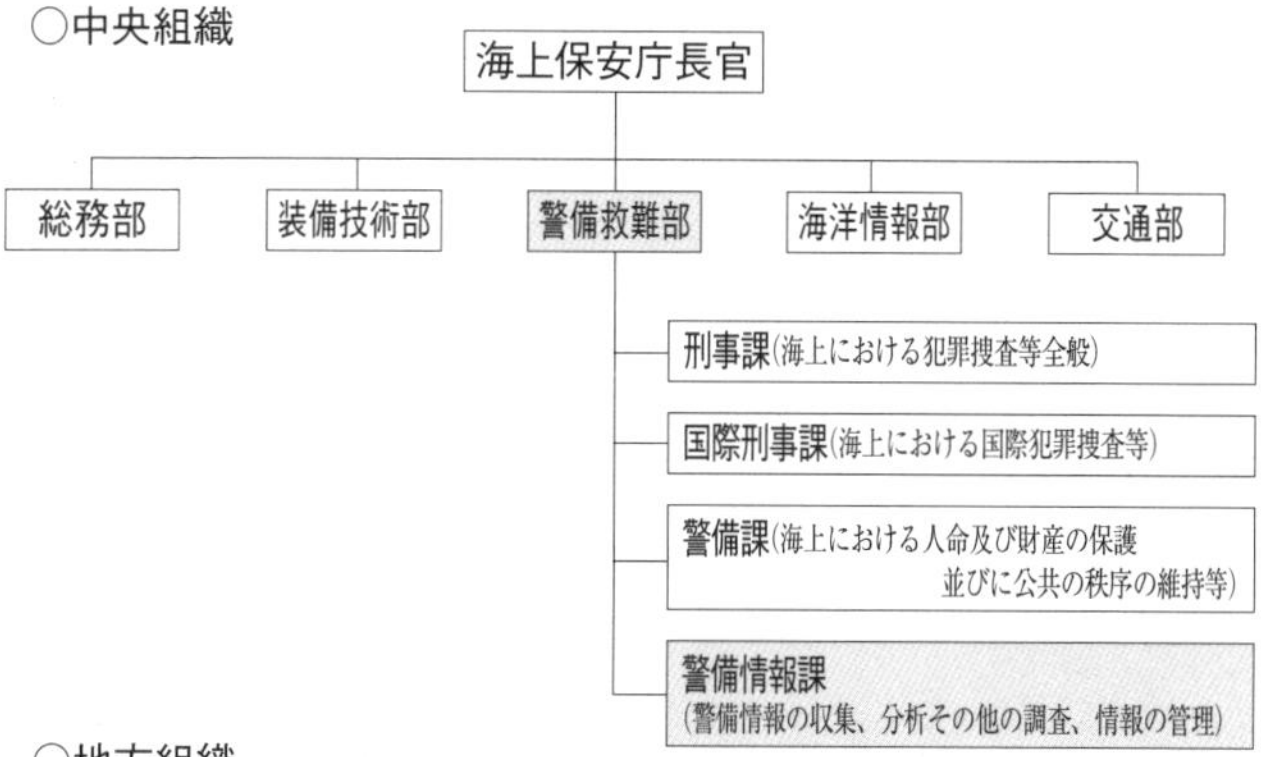

○地方組織

管区海上保安本部警備救難部警備情報課、同部警備情報室

5　これが海上インテリジェンス活動だ

以下の情報（インフォメーション）は、全て新聞、雑誌等で一般的に公開されている内容である。これらを俯瞰的に観察して、組み立てれば、朧気ながらある一定のストーリーが浮かび上がってくる。これらを合理的に推理することがインテリジェンス活動である。

『なぜ、この時期に〝万景峰号〟は上海に入港したのか？』

①二〇〇七（平成一九）年一一月、北朝鮮の〝万景峰号〟が母港を離れ、日本海を南下し始めた。日本政府が法律に基づき、万景峰号の日本の港湾への入港を禁止した同年四月以来、はじめて同船が確認された。

②同船は同年一一月下旬に上海入港。同港のドックにて定期修理、検査をはじめた。

（船舶は定期的にドックに入り、検査を受け合格しなければ運航できない。自動車の車検と同じ検査システム）

③同船による前回の船舶検査は五年前の四月頃で次回検査は二〇〇八（平成二〇）年四月頃の予定であり、二〇〇七年一一月の段階ではまだ半年程度有効期間が残っていた。それなのになぜ、この時期ドック入りなのか？

万景峰号

④同船の入港禁止期間は、六カ月で、その期間が切れる前に日本国政府は期間延長を閣議決定。これまで一回延長され、次回期限切れは二〇〇八年の四月である。
⑤同船は上海ドック出港の際、多くの日本料理食材(日本米、肉類、鮮魚類等)を積み込んで出港した。
⑥以上の情報を「点と線」で考え組み立て、鳥瞰図的に描いて見ると、二〇〇八年四月上旬での「入港禁止解除」というストーリーが浮かび上がって来る。入港禁止が、もし二〇〇八年四月に解除された場合、船舶検査のため〝万景峰号〟が従前どおり四月にドックに入っていると、入港禁止が解除されたとしても、船舶検査が終了するまで動けないことになるからだ。
⑦一方、北朝鮮が何の見返りもなく、行動を起こすこと(今回の場合、有効期間を半年も残してドックに入ること)は、これまで一つもなかったことを考えれば、日本国政府から何らかのメッセージが発信さ

れた可能性がある。それとも、北朝鮮制裁強行派の安倍内閣から現実路線派の福田内閣に変わって、何か変化を北朝鮮が感じ取って動いたのか？

⑧さらに、上海ドックでの修理・検査が終了して北朝鮮へ向けて上海を出港した際、多くの日本料理食材を大量に搬送しているが、これは金国防委員長の嗜好品であり、二月一五日が本人の誕生日であることを考えれば、贅沢品等の輸出禁止でこれら日本食材を大いに欲していることを伺わせる事実でもある。

⑨結果的には、日本政府は万景峰号の入港禁止期間を再々延長し、同年一〇月まで入港を禁止した。

⑩六カ国協議、日・朝協議が遅々として動かない中、水面下での何らかの交渉があったにしても、国内政治情勢、拉致被害者家族等の圧力、国民感情等諸々の理由で「入港禁止解除」の方向に動けなかったのか？

⑪今回の万景峰号の突然の南下、上海ドック入り等の一連の動きで、

・北朝鮮は自国船舶を日本に入港させたいと考えている。

・北朝鮮は日本の高級食材を欲しがっている。

・入港禁止、輸出禁止措置は、即効性はないが、徐々に制裁として効いてきているのではないか？と思料される。

⑫なお、その後同年五月二二日、「日・朝国交正常化推進議員連盟」（超党派・会長山崎拓自民党前副総裁）が発足しており、北朝鮮との水面下の交渉が継続していることが伺われる。

以上が万景峰号が日本国政府から入港禁止措置を受けて以来、久し振りに確認されたと伝える新聞記事等と、過去の情報とを照らし合わせた結果、得られる情報(インテリジェンス)である。

海上保安庁がどの様なインテリジェンス活動を行っているか確かなことは分からないが、当然同じような活動を行い、ここに書いた以上の情報を得ていることは、大いに推測される。

6　海上保安庁の情報収集等の能力

「万景峰号」は、二〇〇六(平成一八)年七月、北朝鮮から日本海に向けたミサイル発射以来、議員立法「特定船舶入港禁止法」に基づき、日本の港湾への入港が禁止されている。さらに、同年一〇月、核実験を強行したことにより北朝鮮籍全船舶の入港禁止、北朝鮮からの全ての品目の輸入禁止や北朝鮮籍を有する者の入国禁止の追加措置が執られ、現在まで続いている。しかし、それ以前、北朝鮮の船は舞鶴港、境港、浜田港、関門港等に年間延べ一二〇〇〜一三〇〇隻程度入港していた。これらの北朝鮮籍船舶には当然、北朝鮮籍の乗組員が乗船しており、北朝鮮から毎回生《なま》の情報を持って、日常的に来日していたので、北朝鮮籍船舶に立ち入り、北朝鮮の人々と接触する海上保安官にとって、この立入検査は、北朝鮮インテリジェンスに関するフィールドワークのまたとない機会である。また、その他の外国船舶に対しても同様の活動を行っており、日本に居ながらにして、海外に関する情報(インフォメーション)

をこのフィールドワークによって収集し、感知しているものと思われる。

さらに、海上保安庁は中央、地方組織それぞれに警備情報課、警備情報室というインテリジェンスに関する専門組織を整備するとともに、海外の海上保安機関との情報交換も積極的に進めており、政府部内においても、情報会議の正式メンバーとして参画するようになってきている。

また、インテリジェンス業務に必要な素養は、一般的には語学力、情報取材力、洞察力と言われている。その内の語学力について海上保安庁の教育機関である海上保安大学校(広島県呉市)では、現場の捜査において必要な中国語、ロシア語および韓国語のプロフェッショナルである国際捜査官等を数十年前から養成するとともに、外務省在外公館、国際機関、国外大学留学等に海上保安官を派遣しており、二〇〇八(平成二〇)年四月一日現在二八名が海外で勤務している。現在までに、延べ約二〇〇名程度の海上保安官が海外勤務を経験しているものと思われ、国際捜査官等を含めると外国語語学力を有する海上保安官は、四〇〇〜五〇〇人程度いると推測される。さらに、各々の現場経験等を通じて、ある程度の情報取材力および洞察力を身に付けていると考えられる。

以上、これらのことを総合的に考え合わせて見ると海上保安庁の情報収集等の能力は、海上における情報だけに限ると、その情報量とともに、情報収集能力、分析・評価能力は、潜在的にかなり高いものと思われる。

◆参　考　**情報分析官五人配置　官邸機能強化へ方針**（読売新聞　平成二〇年二月一五日付、二面）

政府の「情報機能強化検討会議」（議長・町村官房長官）は一四日、首相官邸の情報収集・分析力を向上させるため、内閣情報分析官の新設や合同情報会議の機能強化などを盛り込んだ「官邸における情報機能強化の方針」をまとめた。

情報分析官は、内閣情報調査室（内調）に五人程度配置する。各省庁からの情報を総合的に分析し、首相らに示す「情報評価書」の原案を作成する。任期は「原則三年以上」とした。

首相官邸にはこれまで、警察庁、防衛省、外務省、公安調査庁の局長級らが隔週開催する「合同情報会議」の協議を経た情報が内閣情報官を通じて伝えられていた。新たな仕組みでは、財務省、経済産業省、金融庁、海上保安庁も加えてより幅広い情報を集約し、官邸に伝える情報を評価書の形にまとめてどんな情報をどう伝えるかを明確にする。

〈方針の要旨、関連記事四面〉

「情報収集縦割り是正」強化会議方針「秘密保全」は先送り（読売新聞　平成二〇年二月一五日付、四面）

政府の情報機能強化検討会議が一四日にまとめた「方針」は、日本の安全保障にかかわる事態に対し、首相らが適切に判断できるよう、首相官邸に正確な分析結果が速やかに集まる情報収集の仕組みを示した。長年の課題とされてきた省庁の縦割りを是正するのが目的だ。一方で、秘密保全対策などの懸案は先送りされた。

政府が情報機能強化に乗り出したのは「北朝鮮のミサイルなどの情報が米国頼みで、日本独自の政策判断をするのが難しい」などと指摘されてきたためだ。同会議を二〇〇六年一二月に設置した安倍政権は当初、政策部門として国家安全保障会議(日本版NSC)を創設し、情報部門が分析した情報を基にNSCが政策判断する仕組みを想定していた。だが、福田政権になって、「ねじれ国会で実現のメドが立たない」としてNSC創設は見送られ、その後は「首相官邸の政策判断を支える情報部門のあり方」を検討してきた。

新方針の目玉は、内閣情報分析官の新設と情報評価書を通じた「情報会議」の機能強化だ。警察庁などの局長級による合同情報会議では、「どんな情報を首相官邸に伝えるか」の基準が不明確で、事実上、各省庁がバラバラに対応していた。

新しい仕組みでは、外交や安全保障の専門知識を持つ情報分析官が原案を作成し、情報評価書という決まった形にする。どの情報がどう報告されるか、おおよその基準を明確にし、各省庁が積極的に情報を提供するよう促すのが狙いだ。

一方、日本版CIA(米中央情報局)とも言える対外情報機関の設置は盛り込まれず、「専門的かつ組織的な対外人的情報収集の手段、方法などの在り方について研究を深める」とするにとどまった。海上自衛隊のイージス艦情報流出事件などを受けた秘密保全についても「諸外国の現状を踏まえ、法制の在り方の研究を継続する」としただけだった。町村官房長官は検討会議終了後、二橋正弘官房副長官を長とする秘密保全法制の検討チームを設置することを明らかにした。

防衛省防衛研究所教官の小谷賢氏は「現状の組織を効率的に利用し、官邸に質の高い情報を届けるための方策を盛り込んだ印象を受ける。強化する合同情報会議を有効に機能させるには、優秀な情報分析官の確保、各省庁から情報を集約するための法整備、官邸による情報要求の制度作りが必要だ」と指摘している。

＊「情報機能強化の方針」要旨

▽内閣情報会議（次官級）を再編し、内閣官房副長官補や財務省、経済産業省、金融庁、海上保安庁の代表を加える。官邸の情報関心を踏まえて情報部門全体で中長期の情報重点を策定できるようにする▽各情報機関から官邸首脳への直接報告のルートも確保する▽対外情報収集に携わる専門家の育成に努める▽高性能の情報収集衛星を開発するための体制を強化する▽合同情報会議（局長級）は四半期に一度、情報評価書作成計画を策定する▽内閣情報調査室に内閣情報分析官を置き、集約された情報を分析した情報評価書の原案を作成し、合同情報会議などに諮る。情報分析官は官民を問わず能力本位で選任する▽秘密情報伝達用のイントラネットを拡大整備する▽高度情報保全や情報分析などの研修を行う▽秘密保全法制に関する研究を継続し、法整備は国民の理解を前提として適切に対応する

7

東アジア諸国の海洋政策

海洋法に関する国際連合条約

第十五部　紛争の解決

第一節　総則

第二百七十九条　平和的手段によって紛争を解決する義務

締約国は、国際連合憲章第二条3の規定に従いこの条約の解釈又は適用に関する締約国間の紛争を平和的手段によって解決するものとし、このため、同憲章第三十三条1に規定する手段によって解決を求める。

第二百八十条　紛争当事者が選択する平和的手段による紛争の解決

この部のいかなる規定も、この条約の解釈又は適用に関する締約国間の紛争を当該締約国が選択する平和的手段によって解決することにつき当該締約国がいつでも合意する権利を害するものではない。

第二百八十一条　紛争当事者によって解決が得られない場合の手続

1　この条約の解釈又は適用に関する紛争の当事者である締約国が、当該締約国が選択する平和的手段によって紛争の解決を求めることについて合意した場合には、この部に定める手続は、当該平和的手段によって解決が得られず、かつ、当該紛争の当事者間の合意が他の手続の可能性を排除していないときに限り適用される。

2　紛争当事者が期限についても合意した場合には、1の規定は、その期限の満了のときに限り適用される。

1 古典的な海洋国家と海軍

古来、海洋国家における海洋の価値は、海外からの侵略に対する自然の防護壁であるとともに、富・人・情報を運ぶための「海の交通路・航路」にある。

特に、航路としての価値は、海洋国家が海外諸国との交易などの利益で繁栄する大きな役割を果たすことになった。

この航路利用が世界的に拡大するのは、一五、六世紀の帆船時代からで、欧州の海洋国家が、競って新大陸などとの交易を求めて海洋進出した結果、多くの世界的航路が次々に発見され、欧州からアジア、アメリカ大陸などといった新たな地域への交易・植民地活動を広げ、経済力を飛躍的に拡大させていった。

帆船時代以降二〇世紀初頭までに、海洋国家の中でも特に海洋強国として名を馳せたのは、一六世紀に広大な海洋覇権を握ったポルトガルが最初で、以後、約一〇〇年毎に、大きな海戦等を経てスペイン、オランダ、英国などが順次覇権国家となった。

欧州以外の国では、一九世紀の米国、日露戦争後の日本も太平洋地域に影響を及ぼす海洋国家であった。

これら古典的な海洋国家は、米国を除けば、人口、面積とも比較的小さい半島国家、あるいは島国であり、貿易や植民地経営などを通じて段階的に経済力、軍事力などの国力を拡大してきた。そして国家戦略として守るべきものは、土地支配よりも交易・物流であった。

海洋国家は、本質的に領土拡大を目論む大陸国家とは異なり、他国を占領するという戦略はなく、海外の小さな小島や港湾を領有あるいは租借して、植民地経営、シーレーンの防衛に力を注いできた。世界の主要航路付近の小島には、かっての海洋強国の城や砦の遺跡が、今も多く残されている。

世界につながる航路を利用し、海外との交易などにより繁栄してきた海洋国家は、他の国家との競合に打ち勝つために、①商船隊の整備・編成、②造船などの技術力向上、③量的、性能的に他国を凌駕できる海軍、海外の兵站基地の維持など、充実強化する海洋政策を推進してきた。

特に、この中でも、海軍が極めて大きな役割を担っており、時には、海洋国家存亡の鍵を握ってきた。英国など海洋強国は、強大な海軍力を維持していた。一五、六世紀の帆船時代は、私的に略奪行為を行なう海賊船と国家が認める軍艦との区別がつかない時期もあったが、次第に、海上の軍隊組織海軍として整備され、自国商船隊の護衛、シーレーンの防衛に重要な役を果し、一九世紀には、自国の国益を実現させるため、相手国を威圧する砲艦外交にも活用された。

しかし、海軍の要となる艦艇は、非常に高い建造コストがかかる上、建造には長い年月と技術力が必要なことから、大きな海戦で一度敗北すれば、海軍力の再建は極めて難しかった。

一五八八年、英国によるスペイン無敵艦隊撃破などに見られたように、一つの海戦の結果が国家の興亡に大きく影響を及ぼしている。その後、海洋覇権を握った英国は、海洋交易をほぼ独占し、繁栄していくが、逆に海洋覇権を失ったスペインは没落の道をたどっている。日露戦争でも、一九〇五年の日本海海戦（対露バルチック艦隊）の勝利は、対ロシア戦争の帰趨に大きな影響を及ぼしている。

このように古典的な海洋大国では、その国益(富)の多くは、航路を利用した交易を通じてもたらされ、国の繁栄は、海軍が支えていたとも言えよう。

2　現代国家の海洋進出と二つの不安定要素

一五世紀末から二〇世紀初頭までの古典的な海洋国家にとって、海洋権益の対象は、航路を利用した交易にあり、ポルトガルなど一握りの古典的な海洋強国が、広大な海洋の覇権を握り、強大な海軍を遊弋させ、海賊船や敵対する国の商船を抑制・排除したため、結果的に、海洋は安定を維持してきたと言えよう。

しかし、二つの世界大戦、その後の米ソ冷戦時代を経た現在の世界は、大きく変化している。世界の内陸部では、民族の独立、領土紛争のため、テロが横行し内紛が繰り返され、海洋においては、これまで地政学上、大陸国家と目されてきた中国、あるいは第二次世界大戦後に独立したＡＳＥＡＮ諸国などが競って海洋進出し、沿岸国同士が対立・衝突する時代となっている。

現在の海洋においては、二つの不安定要素が存在する。

一つは、軍事的な安全保障面での脅威。

現在の海洋権益は、単なる海上交通路としての利用価値に限らず、原油・ガスなどエネルギー供給の確保、そして漁業資源の獲得まで領域が拡大している。沿岸国は、自国存立のため、島嶼の領有、EEZ（排他的経済水域）などで軍事力を行使する可能性も否定できず、軍事的な安全保障面での脅威が残存している。

そして、もう一つは、海洋の法秩序が損なわれることへの危機感。

近年、核廃棄物の海洋不法投棄、複数国へ被害を及ぼす大きな流出油汚濁など海洋環境を破壊する事件・事故が多発し、今後もその発生が危惧されている。また、海賊、テロ行為、麻薬の密輸、密出入国、漁業紛争など、海洋における国際的な犯罪・不法行為も増加傾向にあり、国際社会で海洋の法秩序が損なわれることへの危機感が拡大している。

現在の海洋強国が、米国一国であることに異論のないところであろう。しかし、多くの国が、前述したようにさまざまな海洋権益を求めて進出して対立・衝突する時代では、二〇世紀初頭以前のように海洋強国の海軍力だけで海洋を安定した状態に維持することは困難となっている。

このような状況下で、東アジアの主要国は、どのように海洋政策を進めているのであろうか。

3　東アジア主要国・地域の海洋政策の現状

現在、東アジア各国の海洋政策は、旧来の自国商船隊の護衛、シーレーンの防衛に加えて、新たに海洋資源の確保、環境保全なども中心として位置付けられ、政策遂行されるようになってきている。

しかし、これまで二度の大きな戦争被害を反省し、国際間で平和を維持する仕組み・方策が模索されていることを考えれば、海洋進出をする前に、前述した海洋における軍事的な安全保障と海洋の法秩序の維持の二つの不安定要素を少しでも緩和する姿勢が求められていると言えよう。そのためには、関係各国が

- 国際社会の一員として平和を求めること
- 経済的な相互依存関係の中でパートナーシップを形成すること
- 多国間の連携・協力によって海洋秩序を維持すること

などの国際協調・連携についても、自国政策に織り込み、実践する必要がある。

しかしながら、東アジア各国は、他国と相違する歴史観、文化、思想を持ち、国内的にも困難な政治課題を抱えている。このため、各国の国益優先の海洋政策あるいは強硬な外交姿勢は、日本国憲法や国連憲章に謳う平和主義、国際協調主義とは大きなギャップがあるのが実状である。

以下、東アジアの主要国・地域別の海洋政策を記述するが、現在の海洋東アジアの国際情勢は、さまざまな国家が海軍力増強など、海洋権益確保に向け顕著な動きが見られ、沿岸各国が衝突・対立する状況となっている。また、東アジアには、成熟した民主国家および各種報道メディアも少なく、入手できるデータが限定されている。

このような中で、これまでに公開されている国内外の軍事・海事関係者のコメント、各種公表データ、マスコミ報道記事など限られた情報により、東アジアの主要国・地域の海洋政策の実情を次にとりまと

めた。

ただし、本章では、東アジア地域のうち、中国、韓国、極東ロシア、ASEAN地域に限定して論じている。これら以外の東アジアに関係する沿岸国家は米国の他に、オセアニア諸国、インドなどがあり、当然、日本に近い北朝鮮、台湾も入るが、紙面の都合で、これらはまた別の機会に論じたい。

1 中国

現在の中国の実情と政治

中国は、現在、一三億人を超える世界一の人口と東アジアで最大の国土を有する巨大国家である。この二〇年の間、高い経済成長率で経済発展し、GDPでは、二〇〇七年にドイツを抜いて世界第三位となった。二〇〇八年には、オリンピックを開催して世界から巨額の投資資金を得ることにも成功し、このまま推移すれば、二〇二〇年までに、日本を抜きGDP世界第二位となるとも予想されている。

しかし、このような急激な経済発展などによって、社会的に大きな歪が生じていることも事実である。

マスコミ等で報じられている中国国内の政治課題として、
- チベットを初めとする少数民族問題、国内人権問題
- 共産党幹部の汚職
- 内陸部・沿岸部の地域格差、都市部・農村部の貧富格差
- 鳥インフルエンザ、SARS等原因不明の伝染病の蔓延

・水質汚染、工場のばい煙による空気汚染などの環境問題
・慢性的な水不足、農業の衰退による砂漠化
などが挙げられるが、その多くは中国の内政問題に止まらず国際社会にとっても軽視できない問題である。

また、次のように国際社会と軋轢を生じている例も多い。
・資源確保、特にアフリカ等でのエネルギー資源の買いあさり
・ネット社会を形成する若青年層の中国ナショナリズムの過熱化
・世界の製造工場としての製品の品質問題
・海軍力増強による、海洋権益収奪の動き

これらの複雑で難解な国内外の政治問題に対処している中国の権力基盤は、どこにあるのか？

国際的な常識から言えば、中国政府は国務院であるが、国務院は、最終的な責務を有しておらず、実際に国政を動かす権力基盤は中国共産党にある。

建国以来、中国では一般的に中国共産党以外の政党は認められておらず、国民には結党の自由がないなど、事実上中国共産党による一党独裁体制が継続している。

中国共産党中央組織部のデータでは、二〇〇七年の中国共産党員は七三三六万人で、二〇〇二年より約六四〇万人増えている。中国共産党は、これらの党員を全国に張り巡らせて、国家方針の徹底を図っている。共産党員は、国家政策遂行の重要な役割を担っているといえよう。

また、三権分立の相互抑制メカニズムは存在していない。立法機関として全国人民代表大会が、行政

機関として国務院が、司法機関として最高人民法院が存在するが、これらは共産党指導下にある。また、中国軍は、国家の軍事組織ではなく、中国共産党の軍隊である。司法、行政、立法、軍事などすべての権限は、共産党の元に集約され、党の最高指導集団である政治局常務委員会が権力を掌握する構造となっている。

中国の国家政策の重要な部分は、共産党が決定している。このため、中国と他の先進国家とを比較すれば、例えば外交面において、中国の歴史感である「華夷秩序」のような地域覇権主義を東アジア全体に標榜しているように、中国の国家政策には、明らかに閉鎖的、独善的な傾向がある。

また、中国は「法治国家」でなく「人治国家」と言われている。党の権力者あるいは権力グループが政治の行方を左右し、権力者の一声で、法令が改廃されることも多い。

国家政策の一部である海洋政策の面でも、実権は共産党が握っており、共産党主導の海軍が政策立案を掌握しているものと考えられる。現在、海軍は国家が経済発展で得た予算で、艦艇の整備・装備の近代化を図り、他の沿岸諸国に脅威を与えようとしている。党の軍隊に対する外部からの監視の目は存在せず、軍が独走、暴走する可能性も否定できない。

戦後、南シナ海において海軍を主力とした島嶼への軍事侵攻が行なわれた。この時の政治体制に変化がない以上、台湾併合の政策を含めて、中国の軍事力行使が脅威だけで終わる保障はどこにもない。

新・海洋国家への変身と海軍の増強

中国は、本来、大陸国家として歩んできたが、鄧小平時代、突然「南・東シナ海は、中国の海である」と宣言し、海洋にも覇権を求めはじめた。自国法律に、南・東シナ海に位置する多くの島嶼の領有を明記し、海軍を増強し、近隣諸国との対立・紛争を起こしている。

この中国の海洋戦略が「二〇〇四年国防白書」で次のように表明されている。

• 中国軍の主要任務は、台湾独立の阻止と海洋権益の保護
• 海・空軍、戦略ミサイル部隊を強化して制海権、制空権奪取と戦略的反撃能力を高める
• これらの遂行には、台湾海峡や東シナ海、西太平洋で優位に立つことが必要

中国は、これらを実現するため、日本列島・台湾・フィリピンなどを結んだラインを「第一列島線」、小笠原諸島、マリアナ諸島、グアム、パラオ、パプアニューギニアなどを結んだラインを「第二列島線」と設定し、米国の海洋覇権に対抗して中国の制海権ラインを、東方へ拡大することを企図している。二〇二〇年までに、第二列島線までを実効支配できるよう海軍力の大規模な増強を進めている。香港のメディアは、二〇〇八年一一月、「中国は、通常型空母建造に向けた初期工程に入り、艦載機パイロットの訓練を開始している」と報じている。

二〇〇八年三月米国上院軍事委員会の公聴会で、米国太平洋軍ティモシー・キーティング司令官が証言した中国海軍幹部の発言に中国の海洋戦略が滲み出ている。その内容は、「将来、中国が空母を所有した場合、太平洋をハワイから東を米国、西を中国が管理しよう」という提案で、同司令官は、「冗談だとしても、人民解放軍の戦略構想を示すものだ」と語っている。中国提案は、従来から米国が担っている西太平洋の安全保障を、将来中国が肩代わりし、米国を締め出すことが本音であろう。

二〇〇四年一一月、海上自衛隊が中国の漢級原子力潜水艦に対し、海上警備行動を発令し、追跡した

事例では、同潜水艦が石垣島と宮古島の狭い海峡の海底を、いとも簡単に潜行して通過している。中国海軍は、既に、これらの周辺海域の海底地形データを十分得ているものと考えられる。また、二〇〇六年一一月、沖縄の東方海上を航行中の米空母キティホークに対し、中国宋級潜水艦が魚雷発射可能な五海里の距離まで接近し急浮上した事例などがある。このような潜水艦の動きが活発化していることも、制海権拡大をもくろむ中国海軍の戦略に連動するものであろう。

中国は世界第二位の石油消費国であり、近い将来、エネルギー分野、鉄鋼などインフラ素材の消費・輸入が世界一になることが予想されている。また世界の製造工場としてさまざまな製品を製造・輸出している。このため中近東―アラビア海―インド洋―マラッカ・シンガポール海峡―南シナ海―東シナ海を結ぶシーレーンは、日本と同様、物流の大動脈であり、海軍の増強は、このシーレーンの安全確保も見据えている。

二〇〇九年一月シーレーン防衛を目的として、ソマリア海賊対策のため海軍艦艇を派遣した。同月に中国が発表した「二〇〇八年国防白書」では、「強大な海軍力の建設に努力する」と明記、海軍力をこれまで以上に増強する姿勢を強調した。その背景として国際軍事競争は激化しているとの認識を示しており、新型兵器の購入、軍事技術の開発を拡充する意思をみせている。

白書では、これまで報道されている空母建造には言及していないものの、ソマリア沖の海賊対策のための艦艇派遣に言及し、「遠洋での安全への脅威に対応する能力を着実に発展させる」と、遠洋作戦能力を向上させる方針を初めて明記した。

まさに中国が新海洋国家としても胎動している証であろう。

南シナ海、東シナ海における海洋政策の変化

南シナ海では、二〇〇〇年以降の報道記事などを俯瞰すると、「2　今、海洋東アジアで何が起こっているか」で記述した「海域別の衝突・対立事例」に類する事件発生は激減している。二〇〇〇年あたりを起点として、南シナ海における中国の対ＡＳＥＡＮ戦略が強硬・強奪から対話・融和へと大きく方向転換したことが伺える。

一方、東シナ海では、日本とは、尖閣諸島領有権、日中中間線付近のガス田開発問題、韓国とは、蘇岩礁の実効支配などで対立し、二〇〇〇年以前の強硬路線を変えていない。この背景には、「東アジアからの米国排除」「日本との東アジアにおけるリーダー争い」があり、対話より圧力政策を継続していると思われる。

中国は国際情勢の現状を考え、時折、海洋戦略を変更するが、自国の経済発展のためには、エネルギー資源確保が課題となっており、今後とも海洋権益の確保に邁進するであろう。現在はＡＳＥＡＮ諸国との融和路線を続け、南シナ海領有化を凍結して、東シナ海での覇権拡大にエネルギーを注いでいるが、再び南シナ海に覇権拡大を目指す可能性も否定できない。

海事・経済分野における海洋進出

中国は、経済分野においても海洋大国を国家目標とする海洋戦略をもって、海洋石油の開発、海洋環境の保護、海洋技術の開発、港湾整備、造船工業の促進など、総合的な海洋政策を推進している。

造船の分野では、二〇〇七年、最初の四半期で、新造船受注量が日本・韓国を抜き、初めて世界一となった。二〇〇七年新造船建造量は一六〇〇万トンに達している。

海運に関する統計データでは、この三〇年の間に、中国の海運船団の輸送能力は、世界四〇位の一六〇〇数万積載重量トンから、世界四位になった二〇〇七年末の一億一九〇〇万積載重量トンまで成長した。

中国の港湾貨物取扱量とコンテナの取扱量は、五年連続で世界一を維持しており、コンテナ取扱量は、二〇〇七年に初めて一億個を突破した。

また、中国の海運大手であるコスコグループは、二〇〇八年一二月、ギリシャ最大の港であるピレウス港の三五年の運営権を落札した。コスコグループは、欧米でコンテナ基地を数多く運営しており、世界一の輸出大国であるドイツは「中国は、世界の海運業界を支配しようとしている」「地中海を囲む多くの港は、アジア人にとって東欧などに続く理想基地」と警戒感をあらわにし、世界の海運覇権争いで中国に負けてはならないと対抗心をむき出しにしていると報道されている。

海洋分野における人材育成の面では、上海海事大学をスウェーデンにある国連海事大学の分校として認証させるなど、上海、大連の両海事大学を中心に海事クラスター教育を充実させて、海技従事者の高等教育を図っている。

新たなポリスシーパワー新設への期待

中国には、海軍力増強による海洋戦略を重視する集団があり、近隣諸国への安全保障上の脅威が取り沙汰されている一方、新たなポリスシーパワーを模索する動きもある。

現在、中国には「国家辺防管理局」「国家海事局」「国家海洋局」という三つの海洋担当部局がある。簡単に説明すると、「国家辺防管理局」は公安部所属で、管轄範囲を沿岸から海洋に拡大し、チャイナコーストガードと呼称、所属船の大型化を図り、組織の充実を図っている。「国家海事局」は交通部所属で、二〇〇八年夏、中国で最大かつ最新鋭の巡視船「海巡三一」により東シナ海の春暁ガス田など重要な海域を巡視した。また「国家海洋局」は国土資源部所属で中央軍事委員会が局長を任命する軍と関係する組織である。これまでの事例では、中国海軍艦艇が活動する前に、海洋調査船による海底地形調査を行っている可能性がある。

二〇〇八年一二月、中国国家海洋局の海洋調査船二隻が尖閣諸島周辺の日本の領海に侵入した。海上保安庁の巡視船の退去要求にもかかわらず、調査船二隻は、九時間半も居座った。日本外務省の抗議に、中国は、尖閣諸島は古くから中国固有の領土だと主張した上で「中国が主権を有する海域で正常に航行して、何が挑発と言えるのか」と反論。「調査船をいつ再派遣するかは中国側の事情だ」として、今後も調査船の派遣を続ける考えを示唆した。国家海洋局海監総隊は、領有権の争いがある海域では国際法上「実効支配」の実績が重要だとの認識を示し、主張だけでなく、その海域で「存在感を示し、有効な管轄を実現しなければならない」と述べた。

日本としては、国家海洋局の主張は、受け入れることはできないが、中国のこうした姿勢は、自国の主張する尖閣領有権を純粋な「海軍力」ではなく、「ポリスシーパワー」で争おうとする前兆である可能性がある。

中国の海洋調査船

次の新聞記事のように、中国軍関係者から、近隣国家との紛争回避のため、海上保安組織の重要性が認識されはじめており、島嶼の領有問題など海洋での紛争危機を抱える東アジア地域にとっては、国家辺防管理局など中国の海上保安組織が成長・発展することは、近隣諸国にとって新しい傾向である。

国家辺防管理局などが、中国の海洋政策の中核組織として織り込まれるまで時間を要するであろうが、日本の海上保安庁との長官級会合、多国間の海上保安国際会合も定期的に開催されており、これらを通じ、私たちは、是非とも健全なポリスシーパワーとして発展することを願いたい。

アジア観望「中国も海上保安庁検討」

・最近、北京で開かれた日中の安全保障対話に参加して、軍関係者の大胆な発言に驚いた。東シナ海の日中対立は、国家のぶつかり合う伝統的な安全保障問題ではなく、資源不足がもたらした非伝統的な安全保障問題と考えるべきだと主張する。従って、その解決も軍事的手段を排し、政治的解決を主としなければならない。対立がエスカレートするのを避けるため、中国も日本の海上保安庁のような組織を作り係争海域を警備し軍の関与を避ける方策を検討しているという。

- 非伝統的な安全保障問題とは、一般にテロや環境、貧困、麻薬密輸など国家主権と直接かかわりのない脅威を指し、各国が協調して対処できる。この軍関係者は、東シナ海の開発問題は「日中両国が直面している資源の必要」がもたらした非伝統的安全保障問題として扱い、共同で危機管理を行なうことを提唱した。そして「軍が出動すれば緊張がたかまる」ため、海上警察力による対処を基本にするべきだとも語った。
- 中国には海軍以外に沿岸警備隊が存在するが、領海警備が主でＥＥＺのような広大な海域を管轄する能力はない。海軍の出動を避けるためには、日本の海上保安庁に学んだ組織を作る必要があるという。

東京新聞二〇〇八年一月一四日

2 韓国

海洋国家「韓国」

地政学的にみれば、朝鮮半島はアジア大陸の先端に位置しており、過去、日本、中国、ロシアからの脅威にさらされてきた。そして現在、その半島自体も三八度線の軍事境界線で南北に分断されており、朝鮮半島の統一は見えていない。

韓国にとっては、大陸に通じる北側に北朝鮮が存在するため、海外への出入口は海しかなく、朝鮮半島分断後は、時間の経過とともに、「大陸との関係の深い半島国家」から「三方海に囲まれた海洋国家」に変貌してきた。

国家政策として、第一に経済発展を掲げた結果、韓国経済は過去三〇年間で大きく発展し、輸出入に大きく依存する体質となった。この経済活動は、世界屈指の自国商船隊による海運によって支えられており、貿易の重要拠点である釜山港は極東アジアのハブ港湾として発展し、造船業も日本を抜き世界一の建造量を誇っている。このため、海洋政策は、国家政策の中でも重要な位置を占めている。

海洋政策の第一は、中東からマラッカ・シンガポール海峡と南シナ海を経由しての韓国までのシーレーンの安全確保にある。韓国海運の中でも、エネルギー戦略の基本である石油輸入は、その約八割を中東に依存しているため、このシーレーンを利用しているが、海賊やテロリストなどに対して非常に脆弱である。これを防衛するため、韓国は海軍力等を強化している。

韓国海軍は、二〇二〇年を目標に戦略機動艦隊の建造を進めている。同艦隊は、大型揚陸艦二隻、七〇〇〇トン級イージス艦六隻、五〇〇〇〇トン級韓国型駆逐艦一二隻などで構成される予定である。韓国海軍は、二〇〇七年七月、アジア最大級の大型揚陸艦「独島艦」(排水量一四〇〇〇トン)を就役させ、引き続き、イージス艦「世宗大王艦」、新型潜水艦(排水量一八〇〇トン)、新型高速艇などを建造中である。さらには済州島の海軍基地建設など海軍力を一段と増強している。

このように韓国海軍は、北朝鮮の攻撃撃退を意図した沿岸哨戒型海軍から、ソウルからシンガポールに至る公海での戦力展開を可能にする外洋海軍へ方針を転換している。二〇〇八年末、韓国政府がソマリア沖海賊対策で、インド洋以西の海域に海軍を派遣する検討をはじめている。これも外洋海軍への方針転換の現れであろう。

第二の海洋政策は、海洋資源の確保を目的とした竹島の実効支配である。

竹島は、戦後まもなくは、李承晩ラインを巡っての日本との漁業紛争の海域であったが、近年は漁業の他、海洋資源等が絡み、日韓双方にとってＥＥＺなど海洋の管轄権を画定する上で、竹島の帰属は極めて大きな問題となっている。

韓国は、一九五四年から竹島に、警備隊員を常駐させており、現在、警察庁慶北地方警察庁に所属する五〇人余りの警察官、機動隊員が配置されている。

竹島陸域部には、宿舎、灯台、監視所、アンテナ等を設置し、一九九七年には、五〇〇トン級船舶が利用できる接岸施設を、一九九八年には有人灯台を完工させるなど、施設を増設しながら竹島を実効支配しており、竹島に接近する日本漁船へ砲撃する例も見られる。

海上保安庁が単独で実施している尖閣諸島の警戒と違って韓国は、二〇〇六年には領空防衛の点検と

韓国のコーストガード

称して自国戦闘機を竹島上空に展開させ、二〇〇八年七月には海軍艦艇と航空機が一体となった軍事訓練まで竹島周辺海域で行い、日本側を牽制している。

東シナ海EEZにおける漁業取締り強化

第三の海洋政策はEEZにおける漁業取締り強化である。

二〇〇八年九月、韓国のEEZ（黄海）で違法操業を取締まっていた韓国海洋警察庁の職員一名が、中国人漁師が振り回した刃物に刺されて死亡するという事件が発生した。二〇〇二年五月にも、仁川市の沖合いで、海洋警察庁の職員六人が斧を振り回す中国人漁師によって、歯と手首を骨折する被害を受けている。中国人漁師の抵抗は　石を投げ、こん棒を振り回す程度から、鉄パイプや刃物で武装し、集団的な暴行を加えるなど次第に激化している。中国漁船が悪質化する要因としては、韓国側の厳しい漁業取締りがあり、海洋国家として権益保護への強い意志が見受けられる。

東シナ海では、暗礁である蘇岩礁をめぐり中・韓が対立している。二〇〇一年、韓国は、この暗礁の上にヘリの離着陸場、衛星レーダー、灯台、船着き場を常備した巨大な鉄筋十五階建て相当の建物をしたため、中国は韓国に対し一方的な建設を中止するよう抗議している。

現在も、東シナ海における中・韓の経済水域は、確定していない。そのため、今後も海洋権益確保に向け、韓国は中国に対し強硬な外交姿勢で臨み、漁業取締まりも同様な姿勢を継続するであろう。

国家行政組織等の充実強化

一九八八年のソウル五輪以降は、海軍力を増強する他、海洋水産部海洋警察庁を設置する等、国家行政組織改革を着実に押し進め、海洋政策立案機能を強化している。最近の動きを見てみると

- 二〇〇七年八月、外交通商部条約局内に海洋法規企画課を新設。海洋法関連問題の戦略の企画・立案、情報収集等を任務とする。
- 二〇〇七年四月、海洋警察庁に国際海洋法学会を設置。国際海洋法学者一二名で構成され、海洋問題が生じた場合、合法的な対処方針を同庁に助言、政策提言する。
- 二〇〇八年二月、李明博大統領就任後、政府組織を見直し、海洋水産部を国土海洋部に改組、同部に海洋警察庁を所属させ、同庁内部組織も見直した。国際業務調整能力を強化するため、国際協力官の上部機関として局長級の企画調整官を新設。
- 二〇〇八年夏、東北アジア歴史財団の傘下に独島研究所を設置。これは、韓国政府が決定したもので、独島領有問題に対する政府の立場が「静かな外交」から「積極的かつ戦略的な外交」に転じた

ことを意味している。

この他、二〇〇八年、国際水路機関の会議、米国新聞等で「日本海呼称撲滅キャンペーン」を展開しており、世界の海事ルールを議論するＩＭＯや米国など第三国において、海洋政策に関するロビー活動を強化している。

ＩＭＯ傘下の世界海事大学への留学生は、韓国からは、毎回五、六名(日本は二名程度)送り出しており、ＩＭＯ等でのロビー活動を強化するねらいが見られる。二〇〇七年一月、国連事務総長にパン・ギムン氏が就任しているが、韓国にとって大きな意味があろう。

3 極東ロシア

ロシアの実情

帝国ロシアは、地政学的に大陸国家であったが、一九世紀から二〇世紀初頭にかけて、不凍港を求め、南下政策をとり、バルチック艦隊を創設するなど海洋政策を展開した。しかし、日露戦争において、バルチック艦隊は日本海軍と衝突、潰滅し、海洋進出を断念した。その後、ソ連が誕生するとウラジオストクなどを基地とする太平洋艦隊を太平洋や南シナ海に展開し、海洋政策を再開したが、これもソ連の崩壊、新ロシアも経済破綻のため、現在では、海軍を中心とする海洋政策は、影を潜めている。

原子力潜水艦「ネルパ」事故の背景

ロシアのコーストガードの巡視船

極東ロシア基地（ウラジオストク、ペテロパブロフスク）に所属する太平洋艦隊は、北方艦隊に次いで、ロシア第二の艦隊であるが、脆弱なインフラと財政不足のため、一九九〇年代以降、極東海軍の動きは、停滞気味で、多くのロシア海軍艦艇が除籍を余儀なくされている。

二〇〇八年一〇月、予算不足のため、建造が一時中断されていた原子力潜水艦「ネルパ」が日本海での試験航行中、消火装置の誤動作によりロシア兵士四〇名以上が死傷する事故を起こした。その後の情報で、「ネルパ」は、インド海軍が中国海軍の弾道ミサイル搭載原子力潜水艦へ対抗することを目的として、二〇一〇年にロシアからリースする予定であった。

この事件の背景にはロシアの海洋政策がある。ロシアは、現在、積極的な海軍力増強計画はないものの、従来どおり友好国への武器売却、軍事援助を通じて、米国に対峙できる自国の艦艇建造技術の維持・向上を図っていることが推測される。

今後、ロシアの経済発展が続けば、改めて極東海軍力を再編強化し、海洋東アジアでシーレーンの防衛など海洋政策を再開する可能性は残っている。

ロシアの海洋政策

一九八九年、冷戦終了後以降に、崩壊したロシア経済を立て直したのは、プーチン政権である。プーチン政権下の八年間で、ロシアはエネルギー輸出により膨大な外貨を稼ぎだしている。現在、プーチンが退任、メドベージェフが大統領を継承しているが、実質的には、プーチン支配が続いている。

二〇〇八年二月、プーチン大統領(当時)の国家政策発表後の、政治の動きを見ると、明らかに「軍拡競争」より「豊かなロシア」を優先させている。

現在、ロシアが国家戦略上もっとも重要視しているのは、天然ガス(世界一の埋蔵量と生産量)、原油(世界二位の生産量)などの豊富な地下資源をベースに展開される外交戦略である。二〇〇七年、環境破壊を理由に、サハリン東方海上の天然ガス開発「サハリンⅡプロジェクト」の事業主体を、日・欧の海外企業から国営企業のガスプロムに切り替え、資源エネルギーを基幹とする外交戦略をしたたかに推進している。二〇〇八年にはシベリア側にある「サハリンⅠプロジ

ロシアの警備艇

エクト」についても、事業主体を米エクソンモービルから、ガスプロムに切り替えるよう圧力をかけている。

二〇〇八年一一月、サハリンエナジー社(ユジノサハリンスク)は、全長約八〇〇㎞に及ぶパイプラインを完成させ、原油と天然ガスの充填《じゅうてん》作業をはじめている。パイプラインは、原油用と天然ガス用の二本が並行して地中に埋設敷設され、サハリン北東沖の大陸棚から、積み出し港のサハリン南部プリゴロドノエ基地まで運ばれ、同基地で冷却、液化され、日・中・韓へタンカーで輸出される。天然ガス輸出量は、年間約九六〇万トンで、このうち約六〇〇万トンが日本向けで、日本の総輸入量のおよそ一割に当たる。

また、極東ロシアは、原油と天然ガスを日本、中国、韓国へ主に宗谷海峡、日本海、津軽海峡、対馬海峡を経由して海上輸送する他に、ヨーロッパと極東を結ぶシベリア鉄道と海上交通との複合輸送を模索しており、日本海へ着実に経済的進出を図っている。

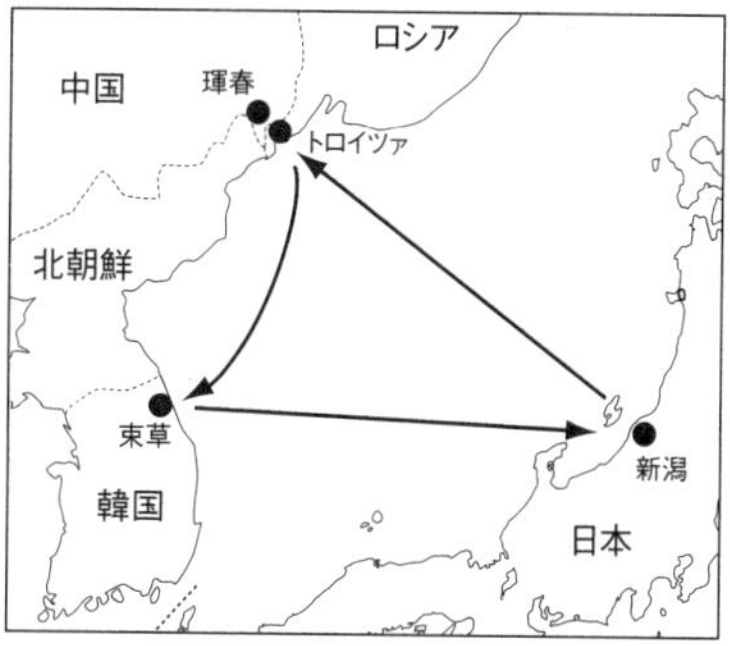

日本海横断フェリーの運航経路

また現在、韓国―中国(吉林省琿春)―日本―ロシアを結ぶ新規航路「北東アジア(仮称)国際航路」の開設のため、運営会社の設立が進んでおり、二〇〇九年には、東草(韓国)、新潟、トロイツァ(ロシア)、琿春(中国)を結ぶ新規航路の開設が四カ国の自治体と業者が参加する合弁法人「東北亜フェリー株式会社」の設立作業が開始される。このフェリーについて朝日新聞の記事を引用させていただく。

日本海横断フェリー　来春の就航目指す　日中韓ロが近く運航会社

新潟と極東ロシア、韓国の東海岸を結ぶ日本海横断フェリーが実現に向け動き出した。日中韓ロの関係企業が中国吉林省の長春市で会い、運航会社を合弁で十月上旬までに設立することで合意した。来春の就航を目指す。日ロ、日韓の新たな交通路としてだけでなく、交流が多い中国東北部と日本のバイパスとしても注目されそうだ。

フェリーは新潟港とロシアのトロイツァ(ザルビノ)港、韓国の束草港を結ぶ。出資が遅れていた中国とロシアの企業が九月二十五日までに払い込みを済ませることを約束。その後一週間以内に合弁会社を設立する方針。本社は五一%を出資する束草市に置き社長も韓国から出す予定。中国側は吉林省琿春市の全額出資会社が参加する。日本側は既に新潟の運送会社などが共同で出資会社を設立済み。

具体的な事業計画は合弁会社設立後に詰めるが、当初は束草→新潟→トロイツァ→束草の一方向で運航し、就航半年後以降に双方向化する考え。来年三月ごろの正式運航を目指し、今年十月に試験運航する計画だ。

朝日新聞二〇〇八年九月八日

4 ＡＳＥＡＮ諸国

ASEAN（東南アジア諸国連合）加盟国のこれまでの動きとASEAN憲章

ＡＳＥＡＮ加盟国は、一九六七年にタイ、インドネシア、シンガポール、フィリピン、マレーシアの五カ国、一九八四年にブルネイ、一九九五年にベトナム、一九九七年にミャンマーとラオス、一九九九年にカンボジアが順次加わり、現在一〇カ国で構成されている。

東南アジア諸国は、第二次世界大戦後に独立した発展途上国であり、経済的基盤が弱く、単独では、中国等の大国に対抗できる軍事力は維持できない。従って、ＡＳＥＡＮという地域国家の枠組みで団結し、経済、安全保障の分野で協調してきた。一九七六年二月、バリ島でＡＳＥＡＮ首脳がはじめて一堂に会し、ＡＳＥＡＮ協和宣言が発表され、政治協力が地域協力の正式な一分野になった。アメリカのベトナム戦争撤退後、安全保障面での不安から実現したこの首脳会議では、ＡＳＥＡＮの一層の地域的自助、域内協力の深化の必要性を認識させた。

ＡＳＥＡＮサミットとも称されるこの会合は、一九九二年の首脳会議において、三年毎の公式首脳会議とそれ以外の年の非公式首脳会議を開催することが決定され、一九九五年以降は、公式・非公式の区別なく毎年開催されている。

二〇〇五年一二月、第一一回首脳会議（第九回ＡＳＥＡＮ＋三首脳会議および第一回東アジアサミットも併せて開催)がマレーシアのクアラルンプールで開かれた。首脳宣言で発表されたASEAN憲章の骨格には、「民主主義の促進」「核兵器の拒否」「武力行使・威嚇の拒否」「国際法の原則順守」「内政不干渉」などが含まれて、二〇〇八年一二月発効した。

この憲章制定の動きに現れているように、ASEAN加盟国の海洋政策は、軍事力行使の忌避、国連海洋法条約など国際法を遵守しようとする機運が拡大されている。

中国の影響力が台頭

一九六〇年代から一九七〇年代にかけて、中国とASEANの間で多くの対立・衝突が発生していた。例を挙げれば、一九六五年、インドネシアは、同国共産党を壊滅したことにより中国と国交断絶。ベトナムは、海軍基地を提供するなどソ連との連携を深め、中国に強硬的な姿勢を貫き、一九七九年、カンボジア侵攻をめぐって中越戦争となり国交を断絶。フィリピンとは、一九九二年、中国が一方的に南シナ海全域を領有する旨の「領海法」を定め、軍事行動に出たため、一九九五年、島嶼領有をめぐる争いが発生した。

この後、ASEAN諸国から猛反発を受けた中国は、一九九五年から方針変更し、ASEANの対話国となり、会議にも出席した。一九九七年からのアジア金融危機の際、中国は通貨の切り下げを見送り、タイへの支援を行っている。

二〇〇〇年から両者の関係は好転し、二〇〇二年、ASEANと中国の間で「南シナ海行動宣言」が調印された。「今後は武力ではなく、話し合いを進めよう」というのがその趣旨で、最近では資源の共同開発も進められている。二〇〇三年には、中国は日本よりも早く、ASEAN加盟国とTAC(東南アジア友好協力条約)に調印している。さらに二〇〇五年、ベトナムとの国境確定交渉では、中国はベトナムに大幅な譲歩をした。

中国の「経済成長」路線においてASEANのマーケットは軽視できず、武力路線から友好路線に大きく戦略を変更したものと思われる。その後、中国の経済的影響力が増大するに連れ、外交面でもASEANとの協調関係が構築されつつある。

米国との友好関係に変化の兆し

ASEAN諸国は、近年、ASEAN憲章の中で謳っている「武力行使・威嚇の拒否」「国際法の原則順守」「内政不干渉」を主張しており、米国などの大国からの軍事的な介入にデリケートになっている。特に、海上治安の面では、他国海軍の応援・介入等は拒否する傾向にある。

世界最強のシーパワーを有し、東南アジアに対しての影響力を維持しようとする米国は、二〇〇一年の九・一一同時多発テロの直後、ASEANと対テロ宣言に調印し、以後もASEAN首脳会議などでいくつかの反テロ・反海賊宣言を採択するなどのアピールを行なっている。二〇〇二年には、マレーシアに東南アジア反テロ地域センターを開設し、二〇〇三年一〇月ASEAN第Ⅱ協和宣言において、テロ、麻薬密売、海賊対策のような包括的安全保障の追及を重点に置くなど、国境を越えた秩序維持への協力関係を打ち出した。米国とは、このような友好的な関係であったが、二〇〇四年三月、ファーゴ太平洋軍司令官(当時)がマラッカ・シンガポール海峡での海上テロの脅威に対抗するため、自国主導の

フィリピンコーストガードとの連携訓練

シンガポール、オーストラリアとの合同訓練

「地域海洋安全保障構想」（ＲＭＳＩ）を公言したところ、マレーシア、インドネシアから自国主権を侵害するものとして強い反発を受けた。このＲＭＳＩの狙いは、既存国際法の枠組みの中で、密輸などの国境を越える犯罪、海賊、海上テロに対処するために情報の共有から始め、地域のパートナーシップを段階的に発展させることにあったが、国家主権に関わる問題として両国に受け入れられず、現在も進展していない。

海上保安機関設立へ日本からの支援

マラッカ・シンガポール海峡を中心とした東南アジア一帯では、銃や刀で武装した海賊・海上武装強盗事案が発生している。海賊発生件数は、二〇〇七年は年間一〇件にとどまり、前年比で減少しているが、二〇〇八年に急増したソマリア海賊は、テロリスト集団への資金源の可能性も指摘されており、マラッカ・シンガポール海峡の海賊事件も、テロに連動して悪質化する可能性が否定できない。

マラッカ・シンガポール海峡は、大部分がシンガポール、マレーシア、インドネシアの領海内にあるが、これら沿岸三カ国

三カ国連携訓練

王立タイ海上警察等との連携訓練開会式

は、海上保安庁が主体となって進めている海賊対策に積極的に取り組んでいる。二〇〇四年夏から三カ国の海軍が中心となって、ＭＡＬＳＩＮＤＯと呼ばれる連携パトロールを実施している他、二〇〇五年九月からはマレーシアの提唱で、タイを含めた四カ国により、空から海上を合同で監視する〝Eyes in the Sky〟を実施している。

日本とこれら沿岸三カ国は、各種国際会議などを通じて連携を強めている。日本からの海賊対策の支援は、ＯＤＡなどによる巡視船供与のほか、海上保安機関設立支援もその一環である。

現在、海上保安庁がフィリピン、マレーシア、インドネシアなどで実施している海上保安組織への人材育成協力、技術供与などの国際協力は、他国に不信感を与える軍事的な組織育成でも、軍事行動でもない。ＡＳＥＡＮ各国では、海賊対策においては、従来の海軍ではなく、海上保安機関による法令の執行という仕組みが注目を集めており、この設立支援の動きは各国で歓迎されている。

4　日本の海洋政策

法治国家である日本は、海洋政策においても、国際法、国内法に基づいて厳格に遂行している。日本以外の国家では、海軍が中心となって海洋政策を遂行する例が多い。日本では、海上保安庁が主体的実施機関として海洋政策を支えている。海上自衛隊は憲法上海軍ではなく、任務が自衛権行使の範囲内に限定されているからである。

海洋政策の基本「海洋基本法」

従来、日本は海洋政策について各省庁が個別に取り組んでおり、全省庁が一体となった政策は無かった。

しかし、遅ればせながら、二〇〇七年七月、「新たな海洋立国の実現」に向けて、政府一丸となって海洋に関する施策を総合的かつ計画的に推進するため、「海洋基本法」(平成一九年法律第三三号)を施行した。この法律に基づいて、内閣官房総合海洋政策本部(本部長・首相)が設置され、二〇〇八年三月、「海洋基本計画(閣議決定)」が策定された。

この法律等は、「経済の発展、生活の安定に必要な物資の多くを海上輸送に依存している日本にとって、海洋権益が平和と安全を確保する上で重要である」と基本戦略を定めており、この海洋権益の確保のためには、「海洋秩序の維持、海上交通の安全に関する取組等を推進する必要がある」としている。

沖ノ鳥島周辺の巡視船

さらに同計画では、海洋調査の着実な実施、海洋管理に必要な基礎情報の収集・整備等を明文化している。

「海洋基本法」に沿って、海上保安庁では、二〇〇八年二月「領海等における外国船舶の航行に関する法律」が施行された。これにより日本領海および内水で、正当な理由のない停留や徘徊等の不審な行動をとる外国船舶があった場合、海上保安官が立入り検査を行ったり、退去命令を出すことが可能となった。

また、海上保安庁海洋情報部は、国連の「大陸棚の限界に関する委員会」に対して、日本の大陸棚を延長するための科学的・技術データ提出作業を二〇〇八年一一月から開始しており、二〇〇九年五月までに同委員会に提出する予定である。

これは、一九七九年から海上保安庁が内閣官房の総合調整の下で大陸棚調査を行い、南硫黄島海域などの七海域で、領海基線から二〇〇海里を越えて大陸棚が延長していることが判明した結果を元にしたものだ。今後、国連の各種審査等を経て国連の勧告を受託すれ

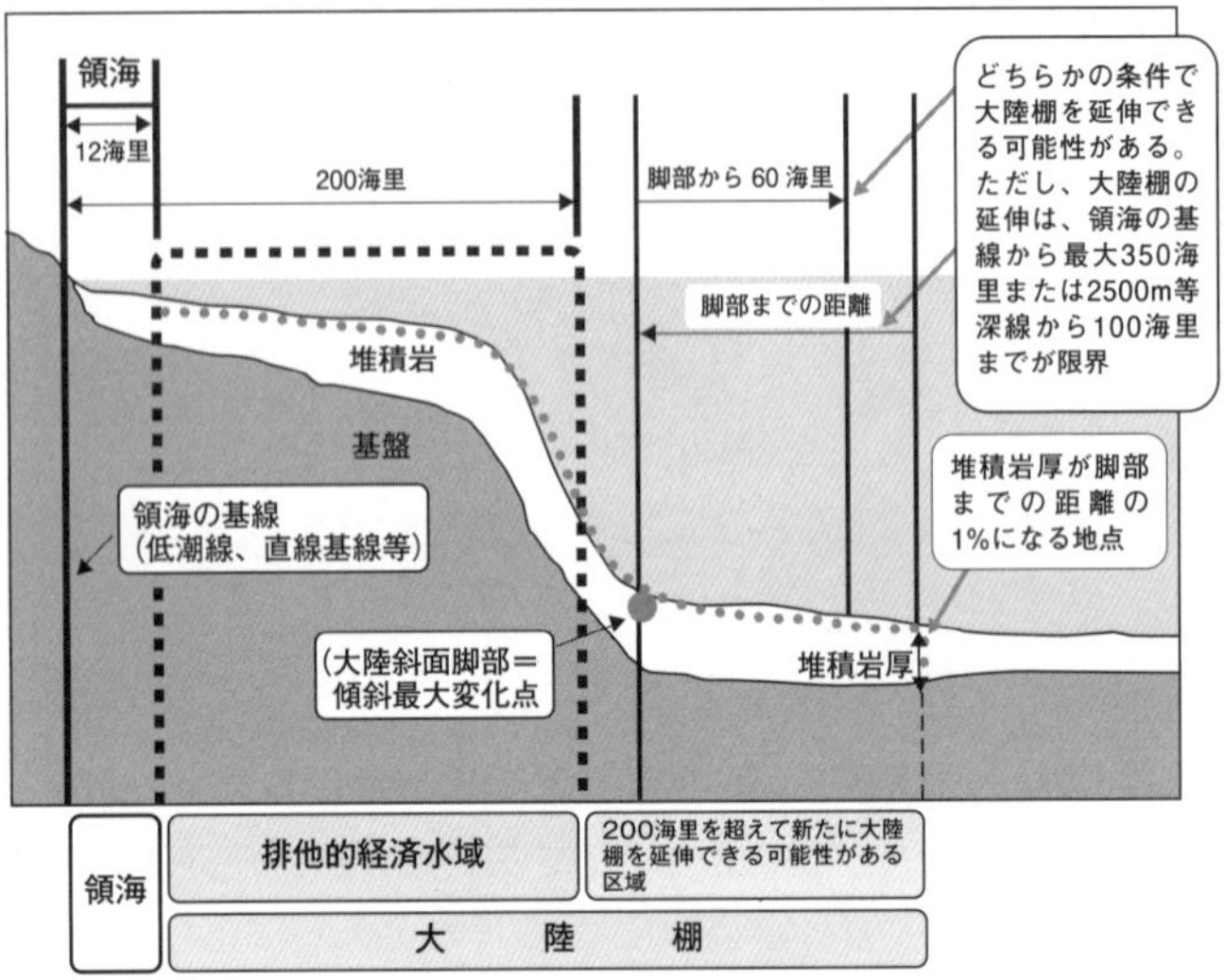

国連海洋法条約による大陸棚の定義

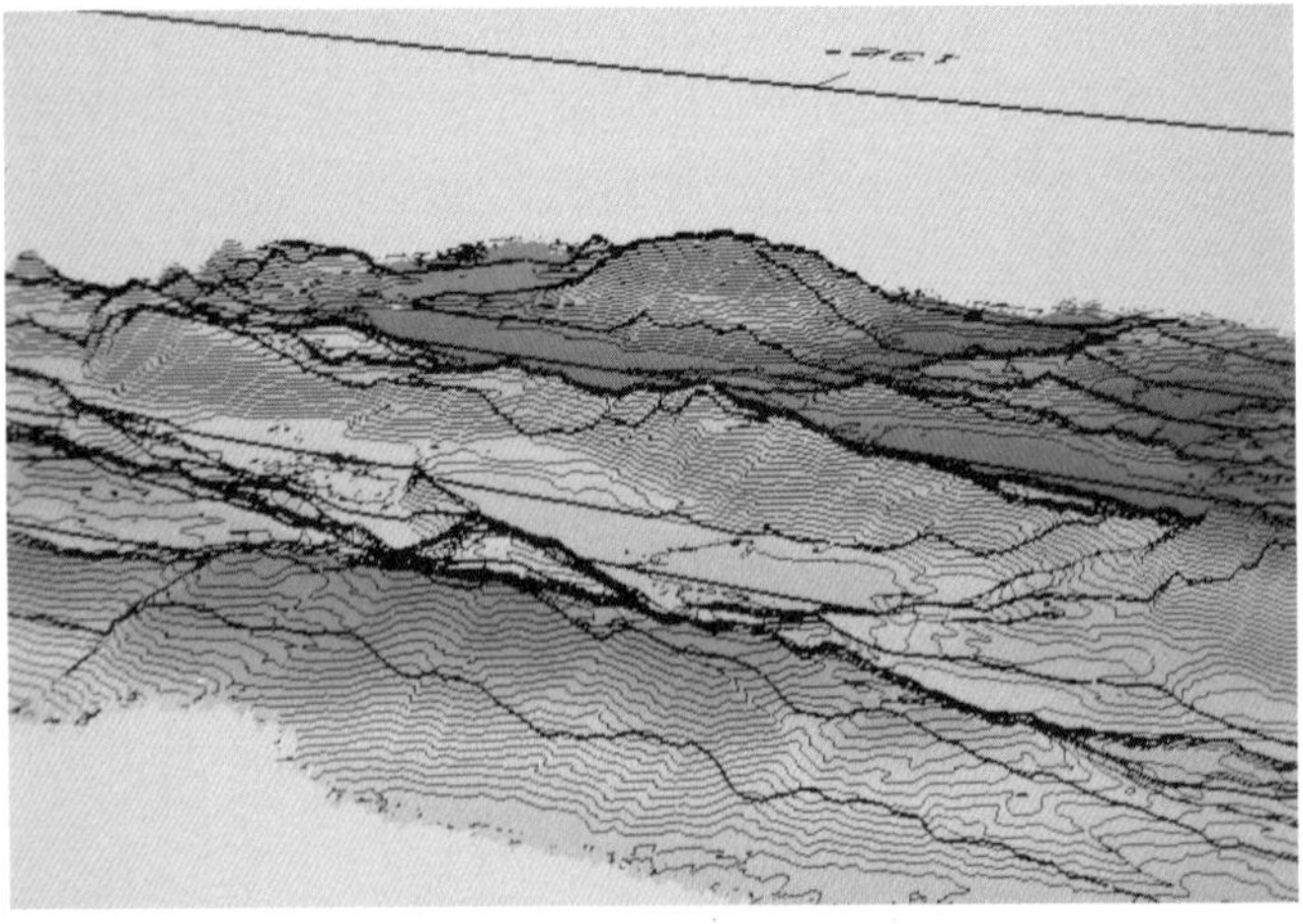

測量船「昭洋」が作成した海底図

ば、日本の大陸棚として設定される。これら七海域の大陸棚の延長面積は、約七四万平方㎞におよび、日本の国土面積の二倍近くとなる。

　これらの海底には、マンガン団塊や、金、銀、銅、レアメタルなど豊富な鉱物資源を含む海水熱水鉱床、石油の代替エネルギーとして注目されるメタンハイドレードの存在が確認されている。

海洋政策今後の展開

　現在の「海洋東アジア」は、「2　今、海洋東アジアで何が起こっているか」で記述したように、まさに国家同士が衝突・対立する時代を迎えている。

　今後、これまで圧倒的な軍事力、経済力などで東アジアに強く影響力を及ぼしてきた米国の国力の低下は否めず、従来の米国一極ではなく、大国化する中国・インドなどを含めた多極化の時代となると予想されている。

　また、東アジアの主要国の海洋政策は、簡略に表現すると以下のとおりである。

- 中国は、米国に代わって、東・南シナ海のみならず、西太平洋に至るまで海洋覇権を握ることを企図している。
- 韓国は、日・中・露の三大国間で埋没しないよう海洋国家へと変貌している。
- ロシアは、まずは、膨大な資源エネルギーを武器として、経済再建を図り、その後、ソ連時代のような圧倒的な軍再建を東アジア地域にも画策している。
- ＡＳＥＡＮ加盟国は、米国、中国や加盟国同士との戦争・紛争経験から、ＡＳＥＡＮ全体で団結して、大国の力をうまく利用しながら国家の存立を図ろうとするしたたかな戦略がある。

このような国際情勢下、日本は、今後、どのような海洋政策で臨むべきであろうか。

国家が存続するためには、経済力に見合った軍事力(自衛力)を有することは、ごく当然である。しかし、戦後、多くの国同士の衝突・対立が続発しているが、いずれも軍事力で解決した例は、極めて少ない。一時的に解決したかに見えても繰り返し報復的な反撃が繰り返されている。一部のイスラム教過激派によるテロ行為も収まる気配はない。海洋においても、沿岸国同士が水産資源、海底エネルギー資源など海洋権益を争奪する時代となっており、かつてのように「自国商船隊の護衛」「シーレーン防衛」を目的とした海軍の存在で、海洋が安定していた時代ではなくなり、軍事力に頼らない新たな海洋政策が求められているのである。

海洋を法秩序で維持することができれば、海洋を安定化でき、ひいては戦争のない平和な国際社会が実現できる一助となり得よう。それができるのは、「ポリスシーパワー」ではなかろうか。

海上保安庁は、日本周辺海域において「尖閣諸島領海警備」「北朝鮮工作船事案対応」など、過去、法令執行機関としての実績があり、今後もしっかり対応してくれると期待されているが、これは、国際的に紛争・戦争に発展する可能性が少ない平時における海上警察活動であり「ポリスシーパワー」そのものである。

また、海上保安庁は、現在、マレーシア・シンガポール海峡における海賊撲滅戦略の一環として、フィリピン、インドネシア、マレーシアなどで海上保安機関設立の支援を行っており、関係国から評価されている。

将来、理想的には、ＩＭＯなどの国連機関によって、海洋における国際法制がもっと充実され、各国が協力・連携して国際法が励行されれば、海洋での対立・衝突は少なくなり、最悪でも武力行使まで進行することはなくなるであろう。

しかし、現在、世界の重要課題となっている「ソマリア海賊」「核拡散ＰＳＩ（ＰＵ護衛業務も含まれる）」「捕鯨問題」などの事案を見ても、国家間の複雑な利害関係が絡んでおり、短期間で解決できる問題ではない。

これら事案についても、日本が果す役割は、軍事力を中心にするのではなく、「ポリスシーパワー」である海上保安庁が、海上自衛隊などと連携して取り組み、万全な対応が行なわれることが期待される。日本は、国家理念として「平和主義、非核政策（非軍事大国化）」、国家目標として「国際連合の活動を支持し、国際間の協調をはかり、世界平和の実現を期する」ことを掲げている。これを具現化するためには、まず、近隣諸国と協調し相互の信頼関係を構築することが必要であり、外交面でのさらなる努力と深化が必要となる。近隣諸国との間に信頼関係が生まれれば、新たな実効性のある条約・国際法が醸成され、周辺諸国もその法を遵守することで新たな対立・衝突を防止できよう。

海洋において世界中の「ポリスシーパワー」が中核となって法秩序の維持を具現化することができれば、世界平和の実現に大きく寄与できると考えられる。

加えて、海洋基本法の制定に際して、その国会付帯決議では海上保安庁の組織体制の総合的な検討・充実も掲げられており、海上保安庁が果たす役割は今後極めて大きいものとなるであろう。

エピローグ

かつての海洋国家は、海洋権益を手に入れるための軍事力、すなわち海軍力を有し、そのパワーを行使して必要な海域(航路、海峡等)および港湾(海軍基地等を含む)を占有した。そして、交易等によりその国家を継続的に経営するために、海軍力というシーパワーを有することが海洋国家の基本でもあった。しかし、「国連海洋法条約」発効以来、同条約および紛争の解決手段としての国際海洋法裁判所が機能しはじめ、グローバル化がさらに進んで、人類の共存・共栄が望まれている現在、必要とされているのは海洋の平和と秩序を維持する機能であり、平時における日常的連携・協力、国際法の下での紛争防止に対処するシーパワーではないだろうか。このシーパワーは従来の海軍力ではなく、海上警察力と言われるものであり、我々の研究会ではこのパワーをポリスシーパワーという新しい言葉で呼ぶことにした。そして、このポリスシーパワーが最近の海洋国家におけるシーパワーの基本になりつつあるのではないかと考えている。

日本のポリスシーパワーである海上保安庁の最近の動きを観察してみると、実にさまざまな施策を展開しており、さらにその海上保安庁の動きを国際的情勢の変化および周辺諸外国の海上保安機関の動きと重ね合せて見ると海洋国家の基本的シーパワーが、海軍力から海上警察力すなわちポリスシーパワーにシフトしつつあることが、より明確になったと思う。

一方、数年前に、国際海洋法裁判所元判事である山本草二先生にお会いする機会があり、最近の日本周辺海域での事件、事故における関係隣接国の海上保安機関の事案対応振りについてお話をさせていただいた。その際、ロシア連邦保安庁国境警備局、韓国海洋警察庁、台湾海岸巡防署、中国公安部辺防管理局、中国国家海洋局等の現場勢力は、日本の海上保安庁の現場勢力に比べると国連海洋法条約の知識、理解の程度に差異があり、国連海洋法条約という国際条約は、まだ国際法にはなっていない発展途上の法律ではないか？とお尋ねした。山本先生はこの質問に対し、『この国際条約を北東アジア、東南アジア海域において、国際法に成らしめるのは、海洋国家を自負する日本国の責務であり、その最前線を担っている海上保安庁、海上保安官の仕事です。この海洋法条約を前面にかざして隣接諸国と対応し、各国を海洋法条約の土俵の上に引っ張り込み、この条約を実効ある国際法にしなければなりません。』と言われ、国際条約とは本来そのような日常的努力の積み重ねにより、国際法として定着していくものであると、改めて思った次第である。

国際法の関連でもう一つ指摘しておいたことは、日本には国際法と国内法にギャップが有るということである。国際法では認められている権限が国内法で全て規定されいるわけではなく、極端なことを言えば、国際海洋法裁判所では適法であると判断される海洋警察力の行使が、日本国内の裁判所では違法な権限行使となる場合もあるということである。その一事例が最近問題となっている「ソマリア沖の海賊対策」である。国際条約では公海における海賊行為に対しては、「人類共通の敵」として、いずれの国家も海賊船を取締り、自国の裁判所で処罰できるとされているが、日本には、その国際条約を根拠とした国内法は整備されておらず、もし、海上保安庁が公海上で海賊船を逮捕等した場合、国内法的にはその海上警察権行使に対して法律的問題が生じることになる。

このような海洋を巡る諸情勢の変化および現状を日常的に敏感に感じ取っている海上保安庁は、確実に、かつ真摯に日本の国益を守るため、機動勢力である巡視船艇・航空機の刷新を図り、組織を大胆に見直し、海洋基本法に基づき、必要な法律(国家条約で認められてる権限を国内法化する法律)を整備する方向に動きはじめている。

さらに、非軍事安全保障、すなわち新しい安全保障問題に対応するポリスシーパワーおよび外交上の新しいパワーとしてのポリスシーパワーという力が注目されつつある中、一九四八(昭和二三)年五月に発足した海上保安庁は、二〇〇八(平成二〇)年五月天皇・皇后両陛下のご臨席のもと「海上保安制度創設六〇周年記念式典」を開催し、国内外にその存在を大きくアピールした。

また、海上保安庁の国際戦略は、一九九九(平成一一)年一〇月に発生したマラッカ・シンガポール海峡での海賊対策を手掛けた荒井長官(当時、現奈良県知事)時代から大きく動き始めた。海上保安庁が提唱し、開催された北太平洋海上保安フォーラム(六カ国会合)をはじめ、これをモデルとしたアジア海上保安機関長官級会合(一八カ国・地域)、北大西洋海上保安フォーラム(一六カ国会合)、南太平洋海上保安フォーラム(五カ国会合予定)へとその連携・協力の枠組みは拡大を続けており、平時におけるポリスシーパワーの有効性を世界各国が認めはじめている証であると感じる。日本の海上保安庁という組織は、国内における評価より周辺隣接諸国は元より、その他の海洋国家に対する存在意義およびその影響力が目増しに大きくなってきているように感じる。
最後に、海洋国家としての日本の繁栄、さらには激動する海洋東アジアの安定および成長のために、今後とも海上保安庁の活動を見守り、海上保安庁という組織がさらなる進化することを大いに期待したい。

加えて、日本がこの国連海洋法条約に加入して一二年になるが、海洋国家において海洋に関する最も基本的なこの国際条約を有効に機能させることを国に期待したい。二〇〇七年一月、麻生外務大臣(当時)は国会の外交演説で、国際社会における法の支配の重要性を強調、国際裁判所を積極的に活用すると述べた。このような流れの中、同年七月、日本はロシアが拿捕した日本漁船の乗組員の早期釈放を求めて、国際海洋裁判所に提訴。これは国連海洋法条約に基づくものであり、各国は排他的経済水域で拿捕した船舶と乗組員を、保証金の支払いを条件に「早期に」返還釈放しなければならないという規程に沿ったものである。さらに同年一〇月、日本は国際刑事裁判所(大量虐殺や人道に対する罪などを訴追、処罰する常設法廷)に加盟した。

国際裁判所を活用することは紛争の平和的解決に寄与することとなり、今後とも国際司法外交に積極的に取り組むとともに、日本の海洋基本法の理念である『〝海に護られた国家〟から〝海を護る国家〟』として世界に貢献し、国際社会に日本の考え方を堂々と主張することを真に望みたい。

参考資料

日中中間線・東シナ海ガス田、安全水域の設定と対応に関する国会答弁

参・行政監視委員会・九号　平成一七年七月二五日

○**委員**　そこで教えていただきたいのは、試掘を行う際に当然、中国の過激な阻止行動が考えられますけれども、こうした阻止行動による被害あるいは損害を想定して万全の態勢を取る必要があると思いますけれども、政府はいかがお考えでしょうか。例えば、海上自衛隊の護衛艦を出すことはできないでしょうか。教えていただきたいと存じます。

○**大野国務大臣**　東シナ海を含めて、我が国周辺の海域におきましては海上自衛隊の哨戒機、P３Cでございますが、P３Cによりまして警戒監視態勢を、活動を実施いたしております。必要に応じ所要の情報を関係省庁にお伝えする、これが一番大事なことではないかと、このように思います。

ちなみに、一日一回は必ず監視態勢を取っておることを申し添えたいと思います。

それから、御指摘のような状況についてもこのような自衛隊の警戒監視活動による協力を行うことは可能でありますし、それから非常に効果的ではないか、このように思っているところでございます。

もちろん、警戒監視のために海自の艦艇を、今度は護衛艦とおっしゃいましたので艦艇の話に移りますけれども、護衛艦を現場海域に派遣することは法律的には、法的には可能でございます。

そこで、自衛隊の、次は海上警備行動でございますけれども、海上警備行動、これは海上保安庁との連携協力によって行っておりますが、まず第一に、海上自衛隊は、まず保安庁、海上保安庁が一義的にはこの責任を負っているわけでございまして、そして、それがもし不可能である場合には自衛隊の方が、海上自衛隊の方が協力する、このようなシステムになっているわけでございまして、今、法律的に言いますと警戒監視態勢、これは防衛庁設置法五条でございます。それからもう一つは海上警備行動、これが自衛隊法八十二条、こういう体制になっております。

○**委員**　海上保安庁の巡視船を出す等の措置を講じて作業の安全確保を図らなくちゃいけない、このようにも思うわけですけれども、試掘をする際に、その試掘する船舶が日本のものか、あるいは外国船を買い上げたものかで保安庁の警備の制限があるんじゃないかと、警備に制限があるやに聞いておりますけれども、その点についてはどんなふうになっているのか、教えてください。

○**石川政府参考人**　海上保安庁として国際法及び国内法に基づきまして、巡視船艇等の派遣などによりまして警備などの所要の措置をとるというふうに考えております。

この場合に、今先生お話ございましたけれども、試掘船の国籍によりましてやや対応が違っております。試掘船が外国船である場合でございますが、この場合には、一般的に公海上にある外国船、こういうものに対しましては我が国の国内法令に基づく措置というものはとれないわけでございますので、私ども、試掘船を仮に保護するという場合には、妨害する船に対しまして当該妨害行為を中止を要求する、このような、などの措置をとることになると思います。中止を要求するということでございます。試掘船が日本国籍船である場合には、当該日本国籍船に対しましては我が国の国内法令の適用がございますので、したがいまして、この船の保護のために、私ども、国内法令に基づきまして必要な対策を取る予定、取ることとしております。
なお、今御説明申し上げましたのは試掘船の方の話でございますけれども、逆に試掘船を妨害しようとする船、これが外国の軍艦又は公船という場合にありましては、海洋法条約の第九五条及び第九六条によりまして、これらの外国の軍艦又は公船というものにつきましては当該旗国以外の国の管轄権から完全に免除されるということにもなりますので、これにつきましては、先ほど冒頭申し上げました試掘船が外国船、外国籍船の場合と同様に、妨害行為の中止を要求するなどの措置を取るということになろうかと思います。

参・国土交通委員会・一〇号　平成一九年四月三日

○**委員**　海上保安庁長官にもう一つだけ。せっかく海洋構築物の法律を出していますので、その解釈について海保としてはどういうふうに取り組むか。
試掘をする場合にやぐらを組みます。その半径五百メートルに安全水域を設けて、そこに入ってはいけませんよと規制ができるのがこの法律の意義ですね。この法律がない段階では、やぐらを組んでいたら、そこに直接的な妨害がなされたときに初めて法違反を問える、排除できるということだと思うんですが、これができることによって、半径五百メートル、予防的に、海保として、入ってくるものについて、この法律違反を問うて排除できるというふうに私は考えますが、そういう理解でよろしいでしょうか。これを確認させてください。

○石川政府参考人　この法律、安全水域法が成立、施行された後に、今お話しのように、国土交通大臣の許可を得ない船舶が海洋構築物等に設定された安全水域に侵入しようとする場合、この場合には、海上保安庁としては、一般論でありますけれども、当該船舶に対しまして、まず、安全水域に入域しないように警告をします。さらに、これに従わない場合には、海洋構築物等の安全確保等の観点から、状況に応じて進路規制をするということになろうかと考えております。

仮に、これらの事前の措置にもかかわらず船舶が安全水域に侵入するような事態が発生する場合には、この船を停船させた上で立入検査などを実施して、安全水域法違反の観点から所要の捜査を行うということになろうかと考えております。

ただ、これは相手が軍艦または公船の場合には適用はございません。

○委員　今長官が御答弁されたとおり、これは大体公船が考え得ますから、その限界があることは、これはもう国連海洋法の限界ということで理解をしています。ただ、これは公船かどうかという峻別も含めて、いろいろなケースがあり得るわけですから、とにかく万全を期していただきたい。

もう一つ、私の個人的な意見として申し上げると、この問題はむしろ、東シナ海での開発を前提とすると、武力を招くというよりは、五百メートルという安全水域を設けることによりまして武力衝突を事前に回避する、さまざまな衝突を事前に回避する、そういう安全策としても私は機能し得ると思うんですね。その面も含めて、海保の体制は大変だと思います。東シナ海の方なんというのは、それこそ手薄なところですから大変だと思いますが、せっかくこういう法律をつくるわけですから、万全を期していただきたい、このことを強調しておきたいと思います。

巡視船艇・航空機の緊急整備に関する国会答弁

衆・国土交通委員会・二号　平成一八年二月二四日

○委員　さらに続いて、海上保安庁の艦船の問題について伺いたいと思います。

今回、海上保安庁の予算、いろいろ見ますと、緊急整備、特に艦船ですね、老朽化をしている艦船、これがございます。特に保安庁はなかなか光の当たらない部署というか、保安庁の職員の方々は、海上保安官のメンバーというのは、現場で本当に苦労している。私も大臣政務官をやらせていただいて、例えば尖閣、これは沖縄返還とともに日本に返還をされて以来、そのときから尖閣列島の周りを巡視船が二四時間体制でずっと回っている、そういった苦労をされている。しかしながら、船は大分老朽化をしている。例えば北朝鮮の不審船問題のときも追いかけ切れなかった、こんな問題もございました。

その中で、今後の艦船の緊急整備の内容、費用を含めまして、いつまでにどういうふうにやるのか、これを伺いたいと思います。

○石川政府参考人　今先生からお話がございましたように、海上保安庁の船艇、航空機は、全体の約四割が耐用年数を超過しているような状態でございまして、大変旧式化、老朽化してございます。したがいまして、業務にも支障が生じているというようなこともございます。さらには、新しい海上保安庁の業務に対応するためにも、性能の高い船艇、航空機を整備する必要があるというふうに考えております。

こうした状況から、私どもは、耐用年数を超過した巡視船艇約百二十隻、航空機については約三十機の代替整備等を計画的かつ緊急に行いたいと考えております。これらに要する費用でございますけれども、現在のところ、私ども海上保安庁としては、おおむね三千五百億円程度かかるものだと見積もっているところでございます。

○委員　今後、三十機の航空機と百二十隻の巡視船艇、これがおおむね三千五百億円程度。予算の問題を考えますと、財務省の方は国交省の枠内で予算をやれ、こういう考え方をしておりますけれども、やはり日本の海上警備といった問題は、一国交省だけの予算ですべてを賄っていくかというと、なかなかできない問題があると思うんです。そこら辺のところは、大臣を含めて、私たち国会のメンバーもしっかりとこの問題を認識しながらやっていかなければいけないかな。

例えば、イージス艦一隻で一年間の海上保安庁の予算になってしまうんです。もちろん国防という防衛の問題は重要な問題ですから、イージス艦の問題も理解はできるんですけれども、金額の感覚からいくと、イージス艦一隻で海上保安庁、人件費も含めて一年分。そう考えますと、もう少し海上保安庁の方に力を入れていかなければいけないかな、こんなことも強く感じております。

もう一つ、保安庁にお伺いしたいのは、なかなか保安庁の仕事が理解されていない、認識をされていない。せっかくすばらしいことをやっているんですけれども、そういった広報体制、及び、あと二年で保安庁ができて六十周年になるんですね。そういった部分では、その六十周年の記念事業みたいなことを行いながら、また、そういう博物館というか、またはそういった記念館。もちろん、これ全部国費でやれとなったら無理だと思うんですけれども、そういったことも視野に入れながら、そういう事業も展開したらどうか、こういう考えを持っておりますけれども、その点についてどうでしょうか。

○石川政府参考人　御指摘のとおり、海上保安庁は海の上で仕事をしてございまして、海の上というのは、なかなか国民の目が届かないというようなことがございます。そういうことでございますので、私ども、非常に積極的な広報活動が必要だろうと思っておりまして、具体の事故、事件があった場合には、速やかに積極的な広報を行っておりますし、あるいは巡視船艇の一般公開であるとか体験搭乗、あるいは海上保安レポートとかホームページの拡充、さらには映画やドラマの撮影に全面的に協力するとか、さまざまな形をやってございますけれども、なお、先生御指摘のように、一層の広報活動に努めていかなければいけないと考えております。

それからもう一つは、今御指摘のように、実は海上保安庁は昭和二十三年に設立してございまして、あと二年後の平成二十年には開庁六十周年を迎えることになります。

これにつきましては、ちょうど平成十年には五十周年というのがございまして、そこでは、年史の編さんみたいなことをやってまいりましたけれども、私どもとしては、平成二十年の六十周年ということに当たりましては、単に過去を回顧するのではなくて、将来にわたって、海上保安庁が行っているさまざまな業務について、より一層国民に理解をしていただく、そういう視点を取り入れたような形での六十周年のさまざまな事業を行っていきたいと考えております。


衆・国土交通委員会・二二号　平成二〇年六月三日

○委員　次は、巡視艇、航空機の老朽化、そして旧式化についてちょっと伺います。
全体的には非常に、巡視艇では四六％とか航空機四一％とか、耐用年数を超えているものがございます。今年度予算で代替対象のうち、巡視船艇、代替対象約百二十隻では約五割、航空機が代替対象約三十機では約四割が達成できるということですが、今後の計画の中でいつごろ代替が終わるのか。年々代替対象は追加されていくということになるのですが、今後の中期的な見通しをお聞かせください。

○**岩崎政府参考人**　今緊急整備の対象としていますのは、先生御指摘いただいた、巡視船艇では約百二十隻、それから航空機は約三十機でございますが、これの緊急整備、代替整備は、私ども、二〇一〇年代のできるだけ早い時期にやっていきたいと思っております。

ただ、この後も、今先生御指摘いただいたとおり、また古い船が加わってまいります。その時点でまた耐用年数が過ぎた船が加わってまいりますので、この二〇一〇年代にまずとりあえずの緊急整備をやって、その後、引き続きそうした船に対する対応も考えていかなきゃいけない、このように思っております。

○**委員**　それに関連して、少し不都合な具体的なものがあったら教えていただきたいのですが、一九九九年、能登半島沖の不審船事案のときには、巡視船艇が十五隻で追跡したにもかかわらず、速度の問題などから追いつけなかった、これも大きな問題になりましたが、ほかには例がございますか。

○**岩崎政府参考人**　特に具体的に申しますと、高速で逃走する密漁船、こうしたものに巡視艇が追いつけなかったといった事例でありますとか、あるいはヘリコプターでございますけれども、夜間の捜索能力、救助能力、こうしたものが不足していて、夜間のつり上げ救助を断念せざるを得なかったといった事例が数多く発生をしております。

○**委員**　それと、整備の機能として古いのか新しいのかということは具体的に個別に見ていく必要があると思っておりますが、現状、防弾率がどの程度なのか、お答えできますか。

○岩崎政府参考人　北朝鮮の不審船事案以降、特に巡視船艇の防弾化についてはきっちりやっていかなきゃいけないということで対応しているところでございます。

その具体的な進捗状況でございますとか性能等につきましては、警備上の観点もございますので、この場での回答は差し控えさせていただきたいと思います。

国際テロ対策に関する国会答弁

衆・国土交通委員会・二五号　平成一八年六月七日

○委員　危険物による被害という意味では、ケミカルタンカーやあるいは原子力発電所の開口部、この重要な施設をねらったテロも十分考えられるわけでありますが、陸上からはテロリストが原発に近づくことはちょっと難しいと私は思いますし、飛行機やミサイル攻撃されても今の日本の原発はそんなに被害は起こらない、こう聞いております。しかし、海の温排水の開口部、あそこから潜られたりするとえらい被害があるとも伺っていますが、海上保安庁ではこのテロ対策にどんなふうに取り組んでおられるのか、教えてください。

○石川政府参考人　海上保安庁におきましては、海上からの今の御指摘のような点も踏まえまして、巡視船あるいは航空機による、臨海部の原子力発電所あるいは石油備蓄基地等の重要警備対象施設における警備を実施するとともに、海事関係者等に対する自主警備、不審物への警戒等の要請などを行っておるところでございます。

特に原子力発電所につきましては、全国に所在する原子力発電所の周辺海域に巡視船艇を常時配備いたしまして、警戒に当たっておるところでございます。また、必要に応じて、航空機なども活用して監視、警戒に当たっております。さらに、陸上で警備をしている警察との連絡体制、これも重要でございますので、相互に連絡体制を確保するとともに、情報交換など、あるいは共同訓練といったようなこともやってきておるわけでございます。

さらに、今般、原子炉等規制法が改正されまして、事業者による防護対策の強化を図るということがなされるわけでございまして、私ども海上保安庁といたしましては、強化される防護措置の状況を踏まえながら、関係機関との連携を図りつつ、原子力発電所の警備というものを実施しているところでございます。

なお、さらに、シージャック等の高度で専門的な知識や技術を必要とする特殊事案というものもございます。こういうものに対して迅速かつ的確に対応するために、テロの対応のための特殊部隊というのも海上保安庁では整備をしているところでございます。

○委員　北朝鮮の貨物船ツルボン一号による覚せい剤の密輸問題等北朝鮮の貨物船による犯罪が横行しているように見受けられますけれども、これらに対する海上保安庁の取り組みや他省庁との連携についてどのようになっているのか、御教示いただきたいと思います。

○石川政府参考人　まず、北朝鮮船舶につきましては、私ども海上保安庁におきましては、我が国に入港するすべての北朝鮮船舶に対しまして関係機関と共同で厳正な立入検査ということを実施しております。あわせまして、一方で、私どもとしても、速力、監視能力を強化した巡視船艇というものを日本海側にも重点的に配備して、薬物密輸等の水際での取り締まりということを強化しているわけでございます。

さらに、警察、税関などの国内の関係機関あるいは外国の機関とも積極的に情報交換を行いまして、北朝鮮船舶による薬物密輸等の犯罪防止というものに努めているわけでございます。

最近では、去る五月一二日、警察と合同で北朝鮮貨物船ツルボン一号を利用した覚せい剤密輸事件というものを摘発したところでございまして、暴力団関係者を含めて七名を逮捕したところでございます。現在、引き続き鋭意捜査を進めているというところでございます。

今後とも、このようなことを図りながら、薬物密輸等に対して徹底した取り締まりを実施してまいりたいと考えております。

領海等における外国船舶の航行に関する法律に関する国会答弁

衆・国土交通委員会・二二号　平成二〇年六月三日

○委員　この立入検査とか検挙のために、例えば船体を射撃するとか、そういう強硬措置をとる場合もあるわけですけれども、この法律案だと、海外に比べてと言っていいんでしょうけれども、比較的軽微な罪と同程度の罰則を規定しているということですが、外国船舶に対するものですから、余り優しいものでは実効性もやはり薄れるというふうに思うんです。この罰則規定について、今の政府のお考えも少しお聞かせ願いたいと思います。

○岩崎政府参考人　今回、罰則を定めさせていただいておりますけれども、既存の法律の罰則を参考にさせていただいております。

漁業法で、外国漁船が立入検査を忌避した罰則が「六月以下の懲役又は三〇万円以下の罰金」となっております。それから、国際航海船舶及び国際港湾施設の保安の確保等に関する法律で、退去命令違反について「一年以下の懲役又は五〇万円以下の罰金」ということになっております。こうしたものを参考にしながら、今回の制度を定めさせていただいたということでございます。

これも、この法案の効果について、ある程度十分な抑止力になっていると我々は思っておりますけれども、実際に法律を施行、運用する中で、もし必要があれば、こうした罰則の強化についても改めて考えさせていただく機会はあろうかと思っております。

海上保安庁の武器の使用・取扱いに関する国会答弁

参・国土交通委員会・四号　平成二〇年四月一〇日

○委員　それで、この六条の外国船舶に関する立入検査に関係いたしまして、ちょっと一点、先ほども少し触れたんですけれども、お伺いしたいと思います。

我が国周辺海域における武装工作船への対応といたしまして、海上保安庁が不審船への立入検査を実施するに当たりまして、現状でどのような装備をされているのか。海上保安官は海上保安庁法に基づきまして警察官に準じた権限を持っております。その武器使用は警察官職務執行法に規定されているというふうに承知をいたしておりますけれども、諸外国に比べこれは軽装備というふうに言えるのではないかというふうな指摘もございます。今後、先ほど申し上げたような立入検査の強制というものができることになるわけでございますので、リスクが高まることが考えられます。ですから、この法案の制定に合わせて整備充実をした方が私はいいと思いますけれども、この点についての御所見をお伺いいたします。

○岩崎政府参考人　私どもも、個々の保安官の身の安全を守るというのは大変重要なことだと思っております。長官としてもそれは心掛けなきゃいけないなと思っております。特に、七、八年前でございますけれども、北朝鮮の不審船のときに銃撃も受けましたので、それ以降そうしたことを踏まえながら安全体制の強化というのを図っているところでございます。

具体的に装備の面で申しますと、船について防弾性能を良くするということで、船の外板を厚くしたりあるいは防弾ガラスをちゃんと装備するといったこともやっております。それから個々人につきましても、防弾のヘルメット、チョッキ、こうしたものの装備を充実するというふうなことで、こうしたことで海上保安官が身の危険を感じることがないように頑張ってやっていきたいと思っております。

○委員　不審船は一般の外国船舶とは全く違うというか特殊なケースになるかと思いますけれども、先ほど御説明もいただきましたが、外国船舶の対応と不審船の対応は違う点がありますでしょうか。もしありましたらお伺いをしたいと思います。

○岩崎政府参考人　不審船につきましては、海上保安庁法の二〇条二項という規定がございまして、武器の使用に関しては特段の制度を設けさせていただいております。

通常は、海上保安庁の武器の使用、警察官職務執行法の規定を準用いたしまして、いわゆる警察比例の原則でやっているところでございますけれども、不審船ということにつきましては、やはりこれについては将来における重大犯罪の未然防止するといったようなことも含めてきっちりした対応をしなきゃいけないということで、船体停船措置を、武器を使用した停船措置が実施できるということの法律的な根拠を与えていただいております。

ここで言う、今回の法律で言いますす停留、徘回している船舶が直ちにこういう法律の規定、この庁法の二〇条で武器を使用することはもちろんございませんけれども、この北朝鮮のいわゆる不審船が停留、徘回等を行っていて、調べてみたら本当にいわゆる工作船だったと、それで逃走していってといったいろんな要件が重なった場合、繰り返しになりますけれども、保安庁法の二〇条の第二項に基づきまして武器を使用した停船措置を実施するということになります。

○委員　ありがとうございました。

不審船の場合ですと、最終的に、簡単に言いますと武器を使う可能性もあるということになると思うんですが、この不審船と一般の外国の船舶、この選別といいますか、これがまた言うまでもなく重要になってくると思うんですが、その点に対してしっかりとその選別していけるのかどうかということで、その点はいかがでしょうか。

○岩崎政府参考人　先生御指摘のとおり、今でも漁業法でありますとか海上保安庁法でそれなりの規定がございます。

外国漁船に対しましては、漁業法に基づいて立入検査を実施することは可能でございます。これは強制的な立入検査権限が漁業法では与えられておりますが、ただ、それは漁船のみが対象でございますので、やはり貨物船等、漁船以外の船舶については強制権的な立入検査はできないと、こういうことでございます。

それから、海上保安庁法でございますけれども、繰り返し申し上げさせていただいていますとおり、立入検査権限がございますけれども、これは任意で行う、罰則が付かないというものでございます。

それから、あわせて、海上保安庁法に、一八条の二項でございますけれども、退去命令を掛けられることができるという規定がございます。ただ、この発動要件は、犯罪が行われることが明らかである、あるいは公共の秩序が著しく乱されるおそれがあると認められる場合であって、他に適当な手段がないと認められるときとされていることから、やむを得ない理由がない停留等を伴う航行等を行う船舶に対しては発動できないと、こういうことでございます。非常に制限的な規定でございますので、広く外国船舶の、不審な航行を行っている船舶には適用できないということでございます。

したがいまして、今の現行法のままではある程度の部分はカバーされますけれども、十分な対応はできない現状でございます。

○委員　次に、立入検査の拒否や退去拒否に遭った場合の対応はどのような方法が考えられておられるんでしょうか。銃による威嚇又は船体に対する危害射撃も想定されているのでしょうか。その点、いかがでございましょうか。

○岩崎政府参考人　立入検査忌避とか退去命令拒否の場合は、犯人逮捕のための強制措置を含む必要な措置はとることとなると思っております。ただ、武器の使用をどの程度やるかというのは海上保安庁法に規定がございまして、いわゆる警察比例の原則ということで厳格に行うということでございます。

個々の事案ごとに判断されますけれども、犯人の逮捕、逃走の防止、あるいは海上保安官自分自身あるいは他人に対する防護、それから公務執行に対する抵抗の抑止のため必要であると認める相当の理由がある場合に、合理的に必要とされる限度において武器を使用するということでございますので、この海上保安庁法二〇条に従って適切な対応をしてまいりたいと考えております。

○委員　冒頭の質問の答弁や大臣の答弁などでも明らかになってきましたが、国家主権にかかわる問題等について、この法案は目的とするところ大変重要な法案だと思っていますね。ですから、基本的にはやはり海上法における問題点としては、相互主義的発想によって今日まで策定されてきたといいましょうか、運営されてきたといいましょうか、そういう経緯を考えますと、本法案を制定することによって日本船籍が不利益を被るようなことが想定される。想定されないとおっしゃるかもしれないですが、想定されるのではないかと思うんでありますが、そういうことが起こらないようにやはりしていかなくてはならないと思うんですが、その点、どういうふうにお考えでしょうか。いかがでございましょうか。

○岩崎政府参考人　先生御指摘のとおり、日本だけがこうした法律を作るということであれば先生の御懸念というのもあるいはあるのかもしれませんけれども、繰り返しお話しさせていただいておりますとおり、近隣諸国を含めて同様な法律をもって同様な運用をしているわけでございますから、その範囲内において日本が今回この法律を制定いただいてそれから運用しても、直ちに不利益な扱いを受けるということにはならないだろうと思います。
　また、もし万が一そういうことがありましたら、この法案の趣旨をちゃんと説明をして、そうしたことのないように諸外国にも説明をしていきたいと思いますし、私どもの法律の運用に当たりましてもそうしたことのないように適切に運用していきたいと、このように思っております。

衆・国土交通委員会・二二号　平成二〇年六月三日

○**委員**　海上保安官の武器使用につきましては、ちょっと読み上げますが、警察官職務執行法第七条を準用することになっております。
　この規定には、「警察官は、犯人の逮捕若しくは逃走の防止、自己若しくは他人に対する防護又は公務執行に対する抵抗の抑止のため必要であると認める相当な理由のある場合においては、その事態に応じ合理的に必要と判断される限度において、武器を使用することができる。」と書かれてあります。
　問題は、事態に応じ合理的に必要と判断される限度がどの程度であるかでございます。陸上の警察官に比べて海上保安官の方が、相手が外国船舶となる可能性が高いため高度な武器をしている可能性も高いと普通であれば考えられるわけです。とすれば、海上保安官の立ち入りの際に携帯する武器も、それを想定して陸上の警察官よりも高度なものが必要であると考えます。比例の原則というものもありますが、ましてや場所を揺れる船の上でということも考える必要もありますし、この辺はいかがでございましょうか。現行はどの程度の武器を携帯していて、今後はどうしていくのか、お答えください。

○岩崎政府参考人　保安官の携帯している武器でございますけれども、けん銃等を装備させているところでございます。この武器についても、先生御指摘のとおり、やはり何が起こるかわからないので、できるだけその装備については充実させていきたい、このように思っているところでございます。

また、海上でございますのでなかなか武器の使用もしにくい環境でございますので、できるだけ性能のいい使いやすい携帯武器というのを考えていきたいと思っております。その辺のことも含めて予算の充実をお願いしているという状況でございます。

最近の主要な「国際事案対応」（一九九八年～二〇〇八年）

一九九八年

・インドネシア危機邦人救出への対応

五月、インドネシア国内において不安定な政治情勢に起因して、学生、市民等により略奪暴行等が行われ、投入された治安部隊との間で衝突が起きる等、その状況は予断を許さないものとなった。このため、外務大臣からの協力要請により、邦人救出のため、海上保安庁は、ヘリコプター搭載型巡視船二隻を向かわせた。両船は、現地情勢が安定を取り戻したことから、待機していたからシンガポールから撤収したが、「在外邦人救出対応」という組織設置以来、最初の任務であった。

・相次ぐ集団密航事犯への対応

海上保安庁が検挙した中国等からの不法入国者は、一九九六年に四八一人、九七年に六〇五人。九八年も多発。

一九九九年

・新日韓漁業協定の発効

一月、本協定発効と同時に、日本の排他的経済水域（ＥＥＺ）における漁業法等が改正された。海上保安庁は、法施行後、無許可で操業中の韓国漁船四隻を直ちに検挙した。

・能登半島沖不審船逃走事案

三月、海上自衛隊から不審船情報を入手、巡視船艇、航空機により追跡、停船命令を発したが、これを無視して逃走したため、威嚇射撃を実施した。捕捉には至らず。

・マラッカ・シンガポール海峡での「ALONDRA RAINBOW号」ハイジャック事件

一〇月、マラッカ海峡通航中の「ALONDRA RAINBOW号」が海賊から襲撃を受け、積荷ごとハイジャックされた。同船乗組員は、海賊船に監禁された後、救命筏に移されて解放され、約一〇日間漂流した後、タイのプーケット島沖で漁船に発見され全員救助された。同船は船体塗色を変え、一一月、インド南西沖を航行中のところをインド沿岸警備隊によって発見捕捉され、インド海軍等により制圧された。

二〇〇〇年

・ヨットを使用した過去最高の拳銃密輸入事件

九月、石垣海上保安部は、石垣島御神埼沖において、日本籍ヨット「悠遊号」(七・三トン)によるけん銃等密輸入事件を摘発し、けん銃八六丁、実包一一〇七発を押収するとともに、「悠遊号」でけん銃等を運んできた日本人二名を逮捕した。一回の拳銃押収量としては、海上保安庁が関与した事件の中で過去最高。

二〇〇一年

・北方四島周辺水域における第三国漁船の操業問題（いわゆるサンマ問題）

二〇〇〇年、ロシアは韓国との政府間合意に基づき、北方四島周辺水域における韓国サンマ漁船の操業を許可。日本は、韓国漁船の三陸沖の操業許可を保留した上、ロシア及び韓国に対して、本件操業が行われることのないよう首脳レベルや局長級協議の開催を含めあらゆる機会を利用して繰り返し申し入れを行ったが、二〇〇一年八月、韓国漁船による北方四島二〇〇海里水域における操業が開始された。

・密航請負組織等を一網打尽にした日中連携作戦

一〇月、中国政府公安部から大量密航情報を入手、千葉県沖海域で中国密航船を捕捉、中国人密航者九一名を「出入国管理及び難民認定法違反」で逮捕、その他の関係者も含め、計九九名を検挙した。日中の治安機関が連携して検挙した初めての事例。

・九州南西海域における工作船対応

一二月、防衛庁（当時）からの不審船（北朝鮮工作船）情報により巡視船・航空機が出動。不審船は、度重なる停船命令を無視し、逃走を続けたため、射撃警告の後、二〇ミリ機関砲による上面・海面への威嚇射撃、そして威嚇のための船体射撃を実施した。しかし、同船は引き続き逃走し、巡視船に対し自動小銃、ロケットランチャーによる攻撃を行ったため、巡視船は正当防衛射撃を実施した。その後、同船は、自爆用爆発物によるものと思われる爆発を起こして沈没した。

二〇〇二年

・**東シナ海での工作船の引き上げ**

九月、二〇〇一年に爆発・沈没した北朝鮮工作船捜査のため、同船引き上げに関する政府方針を受けて、相次ぐ台風襲来等、自然条件厳しい中、水深九〇mを超える海底から工作船引き上げに成功した。船内から水中スクーター、携帯電話など多数の証拠物を回収した。

二〇〇三年

・**北朝鮮貨物船　万景峰九二号新潟港入港対応**

八月、日朝間を例年二〇～三〇回往来している北朝鮮籍の貨客船「万景峰九二」等に対して、政府方針として一層の監視取締り体制の強化を図るため、第九管区海上保安本部に対策本部を設置し、巡視船艇・航空機による入港前からの警戒を実施するとともに、東京税関新潟支署及び東京入国管理局新潟出張所と合同の体制により、入港時に加え出港時にも厳正な立入検査を実施した。

二〇〇四年

・**中国人活動家が魚釣島に不法上陸**

三月、尖閣諸島周辺海域で領海警備中の巡視船が、中国人活動家が乗船する中国漁船を発見、直ちに規制措置を行ったが、同漁船から小型の手こぎボート二隻が降ろされ、これを使用して、七名の活動家が魚釣島に不法上陸した。活動家は、後日、強制送還された。

二〇〇五年

•尖閣諸島　魚釣島灯台を国有化

二月、魚釣島灯台は、一九九八年、日本の政治団体が設置したものであるが、これを譲渡された漁業者から所有権放棄の意志が示めされたため、政府判断により海上保安庁が管理することとなった。

•マラッカ・シンガポール海峡での日本籍タグボート『韋駄天』海上武装強盗事件

三月、マラッカ海峡において日本籍タグボート「韋駄天」(四九八総トン、一四名乗り組み)が武装集団に襲撃された。日本人二名を含む三名が誘拐されたが、事件発生から六日後、無事保護された。

•対馬海峡における韓国あなご筒漁船五〇二号逃走事件

五月、対馬周辺の日本の排他的経済水域で徘徊中の「五〇二シンプン号」を巡視艇が発見、立入り検査のため、停船命令を発したが、同船はこれを無視し逃走を図った。逃走を続ける漁船に巡視艇が強行接舷し、海上保安官二名が移乗して停船措置を講じたが、漁船は、これに従わずさらに逃走を続け、韓国海洋警察庁の警備艇に接舷して日・韓の治安機関同士が海上で対立する場面が生じた。最終的には、韓国漁船が違反事実を認め、担保金を支払って事件は解決した。

•根室さんま漁船　第三新生丸、イスラエル籍コンテナ船との衝突転覆海難

九月、根室沖の公海で「第三新生丸(一九総トン)」が衝突・転覆する事件が発生、乗組員八名の内、救助されたのは一名のみであった。捜査により韓国・釜山に入港していたイスラエル籍コンテナ船「ZIM ASIA」が浮上し、塗膜片の鑑定結果から衝突相手であると断定した。

二〇〇六年

・竹島周辺海域における韓国海洋調査船による海洋調査

一月、韓国水路通報で、韓国は日本のＥＥＺを含む日本海から東シナ海に至る海域を調査船で海洋調査を行うことを公表、七月竹島周辺海域で巡視船が、韓国調査船が日本のＥＥＺに入域したことを確認した。この韓国の調査活動に対し、日本は、外交ルートを通じ、中止要求及び抗議を行うとともに、現場海域で巡視船から無線等による中止要求を行った。

・北朝鮮によるミサイル発射、核実験対応

七月、北朝鮮はミサイルを発射、ミサイルは日本海のロシア沿岸部に落下。海上保安庁は、発射の情報を入手後、直ちに落下場所の情報収集を行い、収集した情報をもとに船舶への航行警報の発出などを実施した。さらに北朝鮮は、一〇月、核実験を実施。放射能汚染を懸念して航行警報を直ちに発出し航行船舶に注意を呼びかけた。日本は、七月のミサイル発射時に北朝鮮籍貨客船「万景峰九二号」のみに課した入港禁止措置を北朝鮮籍の全船舶に課した。また北朝鮮からの全ての品目の輸入禁止、北朝鮮籍を有する者の入国禁止等の措置をとった。海上保安庁は、北朝鮮への制裁措置の決定に伴い、北朝鮮籍船舶の監視・警戒など入港禁止、輸出入禁止にかかる措置を的確に実施した。

・かにかご漁船　第三十一吉新丸　被銃撃・被拿捕事件（ロシア）

八月、根室市納沙布岬沖において、日本のかにかご漁船（四・九トン四名乗り）がロシア国境警備局警備艇から銃撃を受け、乗組員一名が死亡した。

二〇〇八年

・日本調査捕鯨への妨害活動に対応

三月、南氷洋で活動中の日本の調査捕鯨船団に環境保護団体シーシェパードが酪酸入り薬瓶をなげこむなど妨害行為。警乗していた海上保安官が警告弾を使用した。

・尖閣諸島領海警備中の巡視船「こしき」と台湾遊漁船が接触

六月、尖閣諸島領海警備中の巡視船「こしき」が台湾遊漁船に接触し、同遊漁船が沈没。遊漁船乗組員は、全員「こしき」が救助するも船長が負傷、台湾が抗議活動を実施した。

国際緊急援助隊（海保関係分）の派遣

以下のとおり、日本は、海外で発生した津波、地震などの被災地に対して、国際緊急援助隊を派遣しており、海上保安庁も職員を派遣している。

①一九九一年三月（サウジアラビア）三名……ペルシャ湾流出油回収支援
②一九九六年一〇月（エジプト・アラブ共和国）四名……ビル崩壊災害救助
③一九九七年一〇月（シンガポール）五名……石油流出災害支援
④一九九九年八月（トルコ共和国）七名……トルコ西部地震災害救助
⑤一九九九年九月（台湾）一三名……台湾中部地震災害救助
⑥二〇〇三年五月（アルジェリア民主人民共和国）一四名……アルジェリア地震災害救助

⑦二〇〇四年二月（モロッコ王国）五名……モロッコ地震災害救助
⑧二〇〇四年一二月（タイ王国）一三名……インドネシア・スマトラ沖地震災害救助
⑨二〇〇五年一〇月（パキスタン・イスラム共和国）一三名……パキスタン地震災害救助
⑩二〇〇六年一一月（フィリピン）三名……ギマラス島沖流出油回収支援
⑪二〇〇七年一二月（大韓民国）三名……韓国西部海域大量原油流出事故支援
⑫二〇〇八年五月（中国四川省）一三名……中国四川省の地震災害救助

参考文献

『文明の海洋史観』川勝平太著(中央公論社)
『新脱亜論』渡辺利夫(文芸春秋)
『インテリジェンスと国際情勢分析』太田文雄(芙蓉書房出版)
『海洋国家日本の構想』高坂正尭著(中央公論新社)
論文『中国の海洋施策と日本—海運施策への対応—』廣瀬肇著(東京財団研究報告)
『海上権力史論』アルフレッド・T・マハン著、北村謙一訳(原書房)
講演録『海洋法と海上保安法制』山本草二著(海上保安協会)
講演録『海洋法制を育てる力』山本草二著(海上保安協会)
講演録『21世紀の海上警察機関』廣瀬肇著(海上セキュリティー—に関するフォーラム)
『領海警備の法構造』村上暦造著(中央法規)
『アジア三国志』—中国・インド・日本の大戦略—ビル・エモット著(日本経済新聞社出版社)
『国家と情報』—日本の国益を守るために—大森義夫著(ワックBUNKO)
『日本のインテリジェンス機関』大森義夫(文春新書)
『国土交通』(二〇〇六年四月号)(国土交通省)
二〇〇八年版『数字で見る日本の海事』((財)日本海事広報協会発行)
『海上保安レポート』(1999~2008年版)(海上保安庁)
『海上保安庁激動の十年史』海上保安制度創設六十周年記念(〔海上保安庁〕10年史編纂委員会事務局)

海洋・東アジア研究会メンバー紹介

●**冨賀見栄一**

一九四八(昭和23)年大分県出身。

一九七一年海上保安大学校卒業。横浜海上保安部警備救難課長、在釜山日本国領事館領事、第五管区海上保安本部警備救難部長、第三管区海上保安本部警備救難部長、本庁救難課長、第一一管区海上保安本部次長、第八管区海上保安本部長、本庁警備救難部長、本庁警備救難監等を歴任。二〇〇八年海上保安庁退職。

●**藤原文隆**

一九四九(昭和24)年山口県出身。

一九七三年海上保安大学校卒業後、主に海保の現場部署における警備分野で勤務。厳原海上保安部長、第一管区海上保安本部(小樽市)警備救難部長など主要な陸上ポストを歴任。二〇〇七年、横浜保安部所属「巡視船やしま」業務管理官を最終ポストとして退官。現在、(社)瀬戸内海海上安全協会勤務。

●米田堅持

一九六九(昭和44年)年東京都出身。

日本大学芸術学部写真学科卒業後、毎日新聞社に入社。東京本社写真部に配属。

その後、中部本社写真部、横浜支局(横浜海事記者クラブ担当)、東京本社写真部を経て、二〇〇八年四月よりデジタルメディア局記者。海上保安庁記者クラブ員。

●岩尾克治

一九四九(昭和24年)年大分県出身。
岩波映画製作所契約カメラマンを経て独立。ライフワークとして海上保安庁の写真を撮る。
現在、(有)アートファイブ代表。日本写真家協会会員、海上保安友の会監事
主な著作物・写真集として「海上保安庁を知る本」(六甲出版)、「海上保安庁21」(海)、海上保安庁写真集「ジャパン・コーストガード」(シーズプランニング)、「闘う!海上保安庁」(光人社)を出版。

●海洋・東アジア研究会

連絡先　kaiaken@live.jp

海上保安庁進化論—海洋国家日本のポリスシーパワー

2009年5月12日　第1刷発行

編著者　海洋・東アジア研究会

監　修　冨賀見栄一

発行者　長谷川一英

発行所　株式会社　シーズ・プランニング
〒153-0044 東京都目黒区大橋 1-1-17 コーワビル 601
TEL. 03-5428-5680

発　売　株式会社　星雲社
〒112-0012 東京都目文京区大塚 3-21-10
TEL. 03-3947-1021

ISBN 978-4-434-13187-5　Printed in Japan